KB067689

석유야 놀자

탐사에서 생산까지 궁금했던 이야기

이 상 현

박영사

배위섭 세종대학교 지구자원시스템공학과 교수

전 세계가 에너지자원 확보에 혈안이 되어있는 형국에 이것의 대부분을 해외에 의존하고 있는 우리나라는 국가적으로 총력을 다해 자원에너지 위기상황에 대응하여야 한다. 이 책은 미래를 준비하는 마음가짐과 에너지 안보를 지키기 위하여 우리가 반드시 알아야 할 석유와 천연가스 등 대표적 전통 에너지의 어제와 오늘, 그리고 미래의 역할에 대하여 말해 주고 있다. 저자는 오랫동안 석유공사에 근무하면서 석유개발 현장에서 경험을 축적하였고, 또한 스코틀랜드 헤리엇-와트대학에서 학문적인 지식을 함양하여 흥미로운 석유산업 이야기를 쉽게 이해할 수 있도록 편하게 서술하였다. 본 저서는 누구라도 에너지 산업의 핵심 천연자원인 석유와 친해질 수 있게 도와주는 책이다.

임동영 울산과학기술원 산업공학과 교수

2050년까지 "탄소중립"이라는 목표점이 정해지면서 석유 중심의 에너지 소비는 대전환을 맞이하고 있다. 에너지 패러다임은 한순간에 달성되는 것이 아닌 단계적으로 진행될 것이며, 그 과정에서 석유는 여전히 에너지 포트폴리오의 중추적인 역할을 할 수밖에 없다. 에너지 전환 시대에서 우리가 석유 자원을 깊이 이해하고 다시 돌아봐야 할 이유이다. 이 책은 석유 탐사, 개발, 생산 그리고 발전까지 석유 산업 전반을 다양한 독자들의 눈높이에 맞게 친절하게 설명할 뿐만 아니라 에너지 대전환 시대 속 석유 에너지의 역할을 제언한다.

Karl Dunbar Stephen 헤리엇-와트대학교 지구에너지공학 연구소 교수

Oil and gas have been major sources of raw materials for the energy, plastics and chemical industries over the last hundred years or more. The industry producing these re—sources has entered a new phase where one part of society is seeking to close it down due to its contribution to climate change while we continue to rely on it especially in the face of geopolitical developments.

In this book, the author, Lee Sanghyun, uses his experience as a petroleum engineer to describe the history and current setting of the oil and gas industry in society. The reader will find out how oil and gas are produced going through the various complex and multi—disciplinary stages which involve geologists, geophysicists, engineers, mathematicians, chemists and economists. While the industry is technologically devel—oped to a level equivalent to NASA, the book is ideal for readers with a non—technical background and serves as a very useful introduction. It is written with minimal techno—logical jargon and where terminology is essential the book is

추천사

excellent in its explanation. Many of the concepts and sit−
uations explored in the book are also presented using equiv−
alent easy to understand analogies which the non−technical
reader will follow very well.

And the story is not finished. The oil and gas industry has
major contributions to make to help with climate change by
providing technology and expertise for CO_2 storage. It can also
contribute to new energy exploitation providing storage of
hydrogen generated by the wind energy sector as well as
contributing to the thermal energy sector.

석유와 가스는 지난 수백 년 이상 동안 에너지, 플라스틱, 화학
산업 등에서 중요한 원자재로 사용되고 있다. 이러한 산업은 새로운
국면에 접어들었다. 일각에서는 기후변화에 미치는 영향으로 인해
산업을 종식시키려고 하기 때문이다. 하지만 우리는 석유와 가스 산
업에 의존하고 있으며 특히 지정학적 전개 상황으로 인해 의존도는
지속되고 있다.

이 책의 저자 이상현은 석유 공학자 경력을 바탕으로 석유 가스
산업의 역사를 비롯해 현대 사회에서의 현황 등을 제시한다. 독자들
은 복잡한 단계와 다양한 학문을 거쳐 석유 및 가스가 어떻게 생산
되는지 알 수 있을 것이다. 석유·가스 생산 과정에는 지질학자, 지
구물리학자, 공학자, 수학자, 화학자, 경제학자 등이 관여하고 있다.
산업의 기술은 나사(NASA)와 동등한 수준으로 발전했다. 하지만 이
책은 기술적 배경 지식이 없는 독자들이 쉽게 이해할 수 있도록 최
적화돼 있으며 매우 유용한 개론서 역할을 한다. 이 책에서 전문 용

어는 최소한으로 사용했으며 전문 용어를 꼭 써야 하는 부분에서는 훌륭하게 부연 설명을 제시했다. 이 책에 소개된 개념과 상황은 이해하기 쉬운 비유를 사용했기 때문에 기술 지식이 없는 독자들도 쉽게 소화할 수 있다.

　석유 이야기는 여기서 끝나지 않는다. 석유와 가스 산업은 이산화탄소 저장을 위한 기술과 전문성을 제공하면서 기후변화 대응에도 주요하게 기여하고 있다. 이와 함께 석유와 가스 산업은 지열 에너지 산업에 일조할 뿐 아니라 풍력 산업에서 생산되는 수소를 저장할 수 있는 공간을 제공하면서 신규 에너지 개발에도 이바지할 수 있다.

(통역사 함아름 옮김)

세계 경제를 뒤흔드는 석유는 여전히 이 시대의 주 에너지원이다. '오랜 옛날 공룡이 한데 모여 한날한시에 약속한 듯 죽은 후 깊은 땅속에 묻혔다. 매몰된 사체들은 땅속의 흙과 돌들에 눌리고, 뜨거운 지하열을 받으며 석유 자원으로 거듭났다. 인류는 땅속에 축적된 석유를 발견해 중요한 에너지원으로 사용하고 있다.'

한 번쯤은 들어봤을 것 같은 소설 같은 이야기다. '공룡을 포함한 동물, 식물 기원의 유기물들이 퇴적되고 성숙 작용을 받아 석유가 만들어졌다'라고 수정한다면 좀 더 맞는 표현일 수 있다. 다만, 아이들의 흥미는 잃을지 모른다. 특정한 분야에 대해서 배운다는 것은 생소한 표현들에 대한 이해와 노력이 필요하다. 이 책에서는 어려운 주제를 쉽게 풀기 위해 노력하였고, 쉽지만 중요한 이야기들을 놓치지 않으려 되새기며 적었다.

중동은 풍부한 오일머니(Oil Money)를 갖고 있다. 지구가 선물한 천연자원이다. 각 국가의 수장들은 자원 안보를 지키고 오일머니를 얻기 위해 중동에 직접 찾아가서 자원외교를 한다. 때로는 석유 자원을 두고 전쟁도 불사한다. 그 중심에 있는 석유는 세계를 움직이는 이 시대의 첫 번째 에너지원이자 우리가 잘 알아야 할 분야이다. 금융, 식품, 자동차, 반도체만큼 에너지 시장에는 거대한 자본들이 모여 있으며, 산유국과 수입국 간의 이해관계가 복잡하게 얽혀 있는 산업구조로 되어 있다.

언론에서 자주 사용되는 OPEC+(Organization of the Petroleum Exporting Countries, 석유수출국기구와 러시아 등 주요 산유국) 국가들의 '증산 능력'을 올바르게 이해하기 위해서는 땅속의 석유를 어떻게 발견하고 생산하는지 알아야 한다. 전 세계적으로 휘발유와 경유를 사용하는 내연기관차 등록 대수가 전체의 30% 이하로 낮아지기 전까지는 유가가 우리의 생활경제 및 물가에 미치는 영향을 무시할 수 없기 때문이다.

한 걸음 더 나아가, 석유산업에서 투자하는 기술의 변화를 분석해 보는 것도 우리가 얼마나 더 값싼 기름을 사용할 수 있는지에 대해 예측해 볼 수 있는 방법이다. 매일매일 트위터(Twitter)나 메타(Meta)에서 생성하는 데이터보다 많은 양을 쏟아내는 석유 생산 현장의 데이터들을 해석하며 생산성을 효율적으로 높이는 방법에 관한 연구는 석유산업에서 꾸준히 진행되고 있다. 그리고 석유회사는 땅속 석유의 흐름을 묘사하는 시뮬레이션 방법과 빅데이터를 분석하는 데이터사이언스 기법에 이르기까지 다양한 접근법들을 활용하고 있다.

한국은 95번째 산유국이라는 지위를 가질 만큼 석유산업 분야에서 열심히 노력하는 국가이다. 대한민국을 '기름 한 방울 안 나오는 나라'라고 말한다면, 울산 앞바다 동해에서 2021년 12월까지 18년간 가스와 컨덴세이트를 생산했던 동해-1 가스전이 가져다준 경제적 가치를 훼손하는 격이다. 또한 한국은 에너지 안보를 지키기 위해 석유산업을 키우고 있으며, 석유를 찾는 탐사활동을 지속해서 수행하고 있다. 보이지 않는 공기처럼 석유는 일상에서 꼭 필요한 에너지원이기 때문이다.

일각에서는 석유시대의 종식이 멀지 않았다고 언급한다. 전 세계의 많은 국가는 온실가스 배출량 감축이라는 공통된 목표를 달성하기 위해 탄소 집약도(Power Carbon Intensity)가 낮은 에너지원(청정에너지)으로 전환하겠다는 정책을 내세웠다. 저탄소에너지 전환은 코로나시대(2020년 ~ 2023년)를 전후로 다수 국가의 공약이 되었다. 다만, 탄소중립(Net Zero)이라 표현되는 목표를 달성하기에는 기술적, 경제적 한계성이 여실히 존재한다. 그러한 차이를 극복하기 위해 현재의 석유 에너지원은 향후 30년 이상 중요한 역할을 지속할 수밖에 없게 될 것으로 전망된다. 배경에는 한국을 포함한 G20의 국가들이 2050년을 탄소중립의 목표(2021년 11월 개최된 COP26 회의 기준, Glasgow Climate Pact 채택)로 제시했기 때문이다. 그만큼 주 에너지원을 전환하는 데 많은 시간이 필요하다는 이유이다.

이 책은 현재 우리가 사용하는 석유에 대한 기술적인 궁금증에 대해 풀어보고자 한다. 학생부터 호기심을 잃지 않은 어른들까지 폭넓은 독자들이 읽을 수 있도록 내용을 구성하였다. 경제, 정치,

여행서처럼 폭넓게 읽힐 수 있도록 편한 단어들을 사용하려 노력했으며, 의미에 혼선을 일으킬 수 있는 석유산업 용어에 대해서만 영문을 병행 표기하였다.

석유공학자로서 다양한 산업 분야에 대해 누구나 궁금증을 가지고 접할 수 있는 도서의 필요성을 느꼈고, 석유산업에 관해 그런 책을 쓰고 싶은 마음에 미력하나마 끝맺음을 할 수 있었다.

2023년 8월
이상현

서장

석유 경제의 주도권과 석유 자원

석유 경제의 주도권과 석유 자원

석유는 정치, 경제, 전쟁, 기술 발전에 미친 영향을 넘어 다양한 역사를 품고 있다. 석유 이야기에 입문하는 독자가 그 속에 얽혀 있는 역사를 먼저 살펴보는 것은 첫발을 딛는 과정이며, 석유산업을 이해하기 위한 초석을 다지는 길이다.

1859년 상업적인 석유 생산을 시작한 미국은 오랫동안 전 세계 공급량의 점유율 1위를 차지했다. 최초의 석유 발견과 사용은 더 오랜 역사를 지니고 있지만 당시 미국의 상업적 생산이 갖는 의미는 중요하다. 액체 상태의 값싼 석유 에너지가 지닌 장점은 운반과 사용의 편리성을 뛰어넘어 전 세계 에너지시스템을 전환할 수 있는 막강한 힘을 가지고 있었기 때문이다. 이러한 에너지 시장의 규모는 세계 경제를 흔들 수 있었으며 강대국으로 나아가기 위해 반드시 확보해야 할 필수적인 요소였다.

1870년 스탠다드 오일 회사(Standard Oil Company)를 설립한 미국의 존 록펠러(John D. Rockefeller)는 석유의 상품성을 가장 잘 파악하고 적극적으로 개발에 나섰다. 당시는 국제 에너지 시장의 95% 이상을 석탄이 점유하고 있던 시기였지만 그의 활약은 오늘날의 석유산업을 만드는 시초가 되었다. 석유산업에 가장 먼저 발판을 마련했던 스탠다드 오일은 지금의 글로벌 회사로 성장한 엑슨모빌(ExxonMobil), BP(British Petroleum), 셰브런(Chevron), 코노코필립스(ConocoPhillips), 쉘(Shell), 마라톤 오일(Marathon Oil) 등 기업의 모태이다. 석유 제품을 만드는 정제 부문으로 처음 진출한 이 회사는 성공적인 사업을 기반으로 석유산업 전반에 걸쳐 영역을 확장해 나갔다. 그러다 1911년 지역별로 설립된 신탁(Trust)회사들의 지배구조가 법에 따른 제재를 받으며 30개 이상의 회사로 분할했다. 그 후 독립한 신탁회사들은 오랜 기간이 지나면서 기업 간의 통합과 인수합병을 거쳐 오늘날의 주류 회사로 성장한 것이다.

미국은 1940년대 중반까지도 전 세계 석유 공급량의 절반 이상을 점유하고 있었다. 또한 미국의 뒤를 이어 상업적 석유 생산을 시작한 러시아는 나머지 공급량의 절반을 차지하는 국가 중 하나가 되었다. 살펴보면 20세기 초기만 하여도 미국과 러시아는 90%가 넘는 석유 공급망을 독차지하고 있었으며, 이란·베네수엘라·루마니아 등의 국가들이 석유산업에 후발주자로 뛰어들고 있었다. 한편 석유 연료의 보급은 기술의 발전에도 높은 파급력을 보였다. 먼저 내연기관 엔진의 개발은 교통수단의 발달을 가속할 수 있었으며 항공과 해상을 포함한 운송 수단 발전에 기여 한 바가 컸다. 주요한 이유로는 고체연료인 석탄보다 사용 효율성이 뛰어났기 때문이다.

석유야 놀자

19세기 후반에 발명된 내연기관은 20세기 중반을 넘어서며 석유산업 성장과 함께 내연기관 엔진을 장착한 자동차 보급을 촉진시켰다. 그리하여 21세기 초 전 세계 자동차 수는 10억대를 넘어서게 됐다. 또한 군사 장비들은 석유 연료를 사용하여 강한 군사력을 갖출 수 있도록 빠르게 변화하기 시작했다.

초기 미국의 석유산업 성장과 함께 세계는 천연자원을 차지하기 위해 정치적 협력과 동맹 관계를 만들어 나갔다. 1912년 설립된 터키시 페트롤리엄(Turkish Petroleum)은 이라크의 석유 탐사를 목적으로 영국, 독일을 포함한 강대국의 석유회사 간 공동 설립된 회사이다. 이는 중동의 풍부한 에너지 자원을 확보하기 위해 서방의 국가 간 협력 체계를 구축한 시작점이다. 하지만 몇 년 뒤 세계 제1차 대전으로 패배한 독일은 공동회사의 참여 지분에서 물러날 수밖에 없었다. 그리고 영국과 프랑스, 미국을 중심으로 재결성된 회사는 새로운 이해관계를 만들어 나갔다. 그 후 1927년 터키시 페트롤리엄은 이라크에서 세계 최대 규모(당시 기준)의 유전 바바 구르구르(Baba Gurgur)를 발견하였다. 이는 이라크 쿠르드어로 '불의 아버지(the Father of Fire)'로 명명되었을 만큼 자이언트급 유전이다. 이후 사우디아라비아에서 가와(Ghawar, 1948년) 유전을 발견하기 전까지 가장 큰 규모이기도 했다. 이렇게 공동 설립에 참여한 회사들은 석유 생산을 기반으로 엄청난 부를 축적할 수 있었다.

땅속의 천연자원을 차지하기 위해 상호 협력관계에 있는 국가의 석유회사들은 1928년에 모여 또 하나의 합의서를 체결했다. 그것은 레드라인 협정(Red Line Agreement)이다. 협정서는 서로 간 지정된 지역 내에서 석유개발 활동에 대해 경쟁하지 않겠다는 내용을 담았다. 또한 각 국가는 석유 자원 확보를 위해 긴밀한 이해관계를 형성하고 있었다. 그리고 천연자원이 풍부한 레드라인 지역 중 이라크, 사우디아라비아, 시리아, 터키 등을 포함한 국가들은 강대국의 석유개발 진출로가 되었다.

이 시기는 강대국을 중심으로 한 초기의 석유 생산 붐이 일어나기 시작했을 때이다. 그러던 중 1928년경 거대 석유회사를 중심으로 움직이는 석유의 과잉 공급은 당시 수요를 넘어서고 있었다. 석유거래 시장은 전체 에너지 수요에서 석유가 차지하고 있는 비율이 20% 미만으로 낮았던 시대에 일어나는 급격한 투자와 원유 정제공정처리 물량을 초과하는 높은 생산량에 영향을 받았다. 그 결과로 유가는 하락하기 시작했다.

1928년 8월 스탠다드 뉴저지와 스탠다드 인디아나를 포함한 5개의 공룡 석유회사들은 상호 간의 이익을 보호하고 협력하기 위해 스코틀랜드의 아크나캐리(Achnacarry)에 모여 새로운 협정을 체결했다. 이들 연합이 합의한 사항들은 미국 걸프만을 기준으로 산정되는 수출 가격으로 원유 가격을 산정한다는 내용이다. 이를 통해 유가에 대한 영향력을 극대화하기 위함이었다. 또한 회사들은 생산량의 균형과 석유 거래 시장을 공유한다는 데 합의했다. 이렇게 그들만의 리그가 만들어졌고, 20여 년 가까운 기간 동안 그 영향력은 지속되었다.

19세기부터 시작하여 석유 자원을 확보하려는 국가 간의 협력관계 또는 이권 다툼은 지난 150여 년 가까이 지속되고 있는 셈이다. 이는 국가의 주 에너지원이 갖는 힘이 얼마나 거대한지를 알려준다. 또한 천연자원이 가져다주는 부(the Prize)를 차지하려는 강대국과 거대 석유회사의 야욕이 넘쳐나는 시대임을 보여준다. 우리는 이러한 역사를 통해 석유산업을 바르게 이해하려는 노력과 지금이라도 에너지 안보에 힘써야 하는 이유를 깨달아야 한다.

1960년 출범한 OPEC(석유수출국기구)은 몇몇 공룡 석유회사에 의해 움직였던 석유시장을 바로 잡으려 했다. 석유를 생산하는 산유국으로 구성된 OPEC은 사우디아라비아, 이란, 이라크, 쿠웨이트, 베네수엘라가 합의하여 설립한 기구였다. 석유시장의 주도권을 메이저(Major) 기업이 아닌 산유국이 점유하고자 했다. 그럼에도 불구하고 1973년 세븐 시스터(the Seven Sisters)로 불리는 7개의 거대 석유회사들(셰브런, 엑슨모빌, BP 등)은 전 세계 공급하는 석유의 60% 이상을 생산하고 있었다. 이 중에는 스탠다드 오일의 신탁회사에서 독립한 석유회사도 3개나 포함됐다. 글로벌 스마트폰 시장에서는 삼성, 애플, 샤오미의 시장 점유율을 합쳐도 60% 미만(2022년 기준)에 머무르고 있으니 당시 세븐 시스터의 석유시장 영향력이 얼마나 컸는지 그려볼 수 있다.

화려한 역사가 있는 석유는 20세기 후반에 접어들며 현재까지 30% 이상의 에너지 시장을 점유하며 세계 경제를 장악하고 있다. 시시각각 불안정한 석유 공급은 천연 자원에너지가 부족한 자원 빈국들의 경제에 많은 영향을 미치고 있다. 그리고 세계는 경제의 주도권을 확보하기 위해 석유 자원에 관한 관심과 투자가 오늘날까지 지속되고 있다.

석탄연료는 1900년대 주 에너지원으로 사용되며 현재(2023년 기준)까지도 세계 에너지 시장의 20% 이상을 차지하고 있다. 석탄은 초기 산업발전의 중심에 자리했던 에너지원이다. 오랜 시간 에너지 전환이 이루어지고 있음에도 석탄의 전체 수요를 대체하지는 못하고 있다. 마찬가지로 석유는 현재 시장 점유율의 30% 이상을 차지하고 있고 다른 에너지원으로 변환되기에는 그만큼 충분한 시간이 필요하다. 오늘날의 석탄처럼 100년이 지나도 대체되지 못하는 필수 석유산업 분야가 남아 있을 것이다.

이 책에서는 산업과 생활의 핵심 에너지원인 석유를 탐사하고 개발, 그리고 생산과 회수에 이르는 전 과정을 다룬다. 또한 본문은 실생활에서 쉽게 사용하는 석유를 어떻게 석유회사가 소비자에게 제공하는지 이해할 수 있도록 길잡이 해준다.

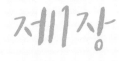

제1장

탐사: 석유는 어떻게 발견될까?

제1장

탐사: 석유는 어떻게 발견될까?

석유를 찾는 일은 까다로운 수수께끼의 답을 찾는 일과 같다. 땅속 수백 미터에서 깊게는 수 킬로미터 아래에 생성된 석유(Petroleum, 천연 액화 탄화수소의 광범위한 범위를 가리키는 표기)를 지표면 또는 해수면 위에서 찾는 것은 모래사장에서 진주를 찾는 것만큼 어려운 일이기 때문이다. 1700년대 후반에 시작된 산업혁명을 계기로 석탄을 대체할 수 있는 값싼 에너지원인 석유의 발견은 많은 산업에 혁신적인 전환점을 가져온 일이었다. 미국의 펜실베이니아에서 23 미터 땅속에 부존된 석유를 처음 발견하고 생산하였던 1859년도만 하여도 현재와 비교하여 기술력의 격차는 크고, 다양성은 현저히 낮았기 때문에 당시 석유의 발견은 쉬운 일이 아니었다.

2000년대 전후를 기점으로 석유산업에 들어오는 거대한 자금들은 새로운 투자와 연구개발을 통하여 땅속에 매장되어 있는 석유를 찾고 생산할 수 있는 기술들의 진일보한 발전을 이끌었다. 이 중에는 지하에 분포하는 석유의 부존 유무를 평가하기 위한 인공위성, 항공기, 탐사선을 포함하여 땅을 굴착하는 시추장비, 생산하는 원유(Crude Oil, 생산된 석유)를 처리할 수 있는 생산설비, 저장 시설, 운송선 설계를 포함한다. 이러한 석유산업은 다양하고 넓은 분야의 학문이 협력하여 완결하는 기술 집약적인 산업이다.

한편, 시대가 변해가며 분야별 과학 기술력은 발전하고 있지만, 석유산업은 석유 발견 이후의 생산과 처리공정을 거쳐 소비자가 사용에 이르기까지 체계화된 과정을 유지하고 있다. 석유의 개발과정에는 땅속의 석유를 찾는 탐사와 발견된 석유를 지표면으로 뽑아내기 위한 설비 건설 등의 개발, 지하 깊은 암석에 분포하고 있는 석유를 지상으로 끌어내는 생산이 있다. 그리고 생산한 원유를 운송하여 저장하고, 사용 목적에 맞게 휘발유·등유·경우·아스팔트 등의 제품(Petroleum Products)으로 정제하여 만드는 과정으로 설명할 수 있다.

가장 먼저 다루어 볼 부분은 석유를 발견하는 과정이다. 땅속에 매장되어 있는 석유의 실체를 발견하고 특성을 파악하기 위해 활용하는 간접적인 조사 방법들을 일컬어 탐사(Exploration)라고 부른다. 일반적으로 사용하고 있는 탐사 방법에는 자료조사, 지표지질조사, 지화학탐사, 물리탐사가 있다. 물리탐사에는 중력 및 자력탐사, 탄성파탐사가 대표적이다.

석유를 찾기 위한 탐사작업을 단계별로 나누면 먼저,
1) 지표에서 얻은 데이터를 기반으로 땅속에 위치한 석유 부존

지역을 선정하고,

2) 확인을 위한 시추(채굴, Drilling) 작업을 수행한다.

3) 시추 후 생산시험을 통해 매장된 석유를 지표에서 확인하는 과정을 거치며,

4) 이를 석유 자원의 발견으로 공식화한다.

5) 발견된 석유의 규모에 따라 경제성 여부를 평가하여 상업적 성공 여부를 결정한다.

이는 탐사단계에서 수행하는 작업이다.

석유의 생성에 대한 기나긴 이야기는 판구조론(Plate Tectonics, 베게너, 1960년대경)이라는 지질학적인 배경에서 시작한다. 석유의 생성 측면에서 이야기하는 판구조론은 10개의 거대한 판으로 이루어진 지각이 지구의 맨틀 위에서 움직이며 서로 간의 경계와 구조를 만들어 가고, 석유가 집적될 수 있는 다양한 모습을 만들어 가는 과정을 의미한다. 땅속 깊은 곳의 석유를 발견하기 위해서는 석유가 갇혀(집적) 있는 곳을 유추하여 찾아야 하기 때문이다.

"현재는 과거를 여는 열쇠다(Present key to the past, 제임스 허튼)"라는 말이 있다. 석유가 집적될 수 있는 땅속의 모습을 그려 나가기 위해서는 현재의 지질학적 모습을 이해해야 한다. 이는 탐사사업 일부이며, 이 장에서는 탐사에서부터 시작하여 자연이 만들어 준 선물과 같은 석유의 발견 과정을 살펴본다.

그림 1.1 석유 생산 현장으로 들어가는 중동(예멘)의 활주로 모습

석유를 찾아서

탐사라 하면 광범위한 의미로 석유를 찾는 모든 활동을 일컫는다. 고유가 시대(2008년, 2022년)에는 많은 투자 자금이 몰려 석유회사들의 탐사사업이 활발하게 이루어졌다. 반대로 저유가 시대(2015년, 2020년)에는 이해타산이 맞지 않는 기업들이 줄도산했다는 뉴스를 종종 보았다. 보이지 않는 자원을 찾아 떠나는 길은 멀기만 한 것이 아니라 성공 확률도 낮기 때문이다. 전 세계적으로 탐사를 통해 석유를 찾을 상업적 성공확률은 통계상 약 10%에 머무르고 있으니 성공하기가 만만치 않은 사업이다. 제약회사의 신약은 개발과정 및 임상을 거쳐 시판 후 안전성 및 유효성 검사까지 확보하여 성공할 확률이 10%대에 못 미친다고 한다. 신약 개발이 투자 측면

석유야 놀자

에서 탐사사업의 성공확률과 견줄 만하다고 볼 수 있다. 석유는 땅속에 매장되어 있기 때문에 눈에 보이지 않는다는 이유가 주된 어려움 중 하나이다. 바람과 물에 의한 영향, 지구의 표층부 암석층이 움직이는 지각운동, 퇴적작용, 풍화작용, 그리고 구조형성 과정을 유추해 내며 땅속 환경을 묘사해야 한다. 또한 석유는 넓은 분지(Basin)에 광활하게 분포해 있을 수도 있으며, 수심이 깊은 해상 환경의 해저 4 킬로미터 이상에 매장되어 있을 수도 있다.

탐사의 시작은 자료조사이다. 새로운 프로젝트에 진입하여 석유를 찾기 위해서는 그 지역에 대한 지질학적인 자료조사를 선행해야 한다. 지질 자료조사는 산유국(석유를 생산하는 국가) 정부로부터 탐사가 허용되는 구역(광구)에 대한 신규 분양 또는 기존 프로젝트 운영사들의 지분 참여(Farm-in & Farm-out) 입찰 등으로 인한 사업 기회를 평가하는 작업이다. 대상 지역과 관련된 조사 및 연구, 석유 탐사 이력, 인근 지역의 탐사 현황 등에 대한 개략 조사 및 평가가 이루어지고, 정밀평가를 위한 구체적인 계획을 수립한다. 대상 지역과 가까운 인근 지역에서 탐사 이력이 있다면 석유가 발견된 지역과 유사한 지질학적 특성을 가질 확률이 높기 때문에 좋은 정보가 된다. 때로는 석유가 매장되어 있을 거라 믿는 암석층이 지각운동, 풍화작용 등에 의해 지표까지 노출되어 있어 이러한 암석(노두)을 관찰하기 위한 지표지질조사를 수행하기도 한다. 지표로 드러난 암석 샘플 분석, 현재 일어나고 있는 지질학적인 현상(퇴적, 풍화, 침식, 구조운동) 등을 통해 땅속에서의 특성을 추론해 보는 방법이다. 여러 장의 팬케이크(Pan-cake)가 쌓여 있는 먹음직스러운 음식에서 메이플시럽이 뿌려진 팬케이크 층을 찾기 위해 단면을 잘라 보며 관찰하는 것과 유사하다. 지표로 노출된 암석들은 땅속 깊은 곳에 위치하여 상부(시간상으로 뒤)에 쌓인 다른 퇴적층들에 눌려 받는 압력이 제거된 상태이기 때문에 실제 석유를 담고 있는 모습과 같지는 않다. 하지만 같은 광물들에 의해 형성된 지층이라면 그 물리적 성질에 대한 유사성이 높다고 할 수 있다. 이러한 조사들은 땅속을 유추하는 '탐사' 중 하나이다. 질 좋은(High Quality) 암석 중에 석유가 집적되어 있는 땅속 지점을 정확하게 찾아가기 위한 광역적인 조사에서 하나의 유망한 지점으로 좁혀 나가는 접근 방법이다.

정밀평가 단계에는 직·간접적으로 얻어지는 지표 데이터를 활용한다. 산모의 배 속에 있는 태아의 모습을 관찰하는 방법(초음파 검사)처럼 탄성파탐사라 불리는 정밀검사 방법은 땅속 지층의 모습을 입체적인 모습(3-Dimension)으로 형상화할 수 있다. 이런 기법을 통해 석유가 부존할 것으로 보이는 유망구조(Prospect)를 도출한다. 그리고 발견 가능성에 대한 가설 검증과 확인 작업(탐사 프로젝트에서는 시추 작업이 이에 해당하며, 다음 장에 자세히 설명하겠다)을 수행한다. 탐사에서 검증된 가설은 인근 지역에서도 석유가 발견될 수 있을 것이라는 확장성을 고찰할 수 있게 한다.

_ 시작은 생성부터

땅속의 석유를 이해하기 위해선 생성의 기원에 대해 알아야 한다. 먼저 동·식물의 유해가 땅속에 매몰(퇴적)되고 분해되어 나오는 유기물이 오랜 시간 깊이 퇴적되면 온도와 압력이 상승한다. 이러한 환경에서 유기물이 초기 성숙 단계에서 높은 온도와 압력의 영향을 받아 석유의 근원인 케로젠(Kerogen)을 생성한다. 이때 케

석유야 놀자

로젠이 생성될 수 있도록 높은 함량의 유기물을 포함하고 있는 퇴적암을 근원암(Source Rock)이라 부르고, 석유를 생성하는 곳이라 지칭한다. 케로젠은 높은 압력과 온도의 지속적인 영향을 받으며 액체 상태의 석유가 되거나 더 높은 고온·고압 조건을 받으면 가스를 생성한다. 즉, 땅속에서 액체 상태의 석유냐 가스 상태이냐는 얼마나 높은 온도와 압력을 받을 만큼 심도 깊은 곳에 유기물을 포함한 퇴적층이 쌓여 있느냐에 따라 다르다. 북해(North Sea)는 영국과 노르웨이를 사이에 두고 많은 석유 자원들을 생산해 내고 있다. 하지만 생성 기원이 달라 영국 인근해(海)로 갈수록 석유(Oil)가 많고 노르웨이 인근해(海)로 근접할수록 가스(Gas) 생산 프로젝트가 다수를 이룬다. 석유의 기원 물질인 유기물이 퇴적되어 있는 지층에 각기 다른 온도와 압력이 영향을 미쳤기 때문이다.

생성에 가장 핵심적인 부분은 열적 성숙도(Thermal Maturation) 이다. 퇴적된 유기물질로부터 나오는 케로젠이 탄화수소(Hydrocarbon) 혼합물인 석유가 되기 위해서는 일정 온도 이상(일반적으로, 250℃ ≥ 가스 ≥ 150℃ ≥ 원유 ≥ 60℃) 유지되어야 한다. 이를 성숙(Maturity) 이라 부르는데, 이는 유기물에서 석유로 화학적 반응이 일어나는 과정을 의미한다. 적절한 온도에 의해 성숙된 케로젠은 땅속의 선물인 석유로 생성된다. 초기의 석유는 근원암으로부터 생성 과정에서 부피가 팽창되며 빠져나와 흐를 수 있게 된다. 그리고 암석 내 틈(Pore, 공극)이 많은 곳으로 오랜 시간에 걸쳐 이동한다.

물보다 가벼운 석유는 상부 지층으로 이동(Migration)하며 암석 속에 채워져 있는 물들을 밀어내고(Imbibition) 집적될 수 있는 공간에 채워진다. 보통의 이동은 상부의 암석들로 하지만 질이 좋은 암석이 바로 아래에 퇴적되어 있는 경우는 심도가 더 깊은 층으로 이동할 수도 있다. 이러한 지질학적인 작용들은 넓은 범위에 분포하기 때문에 광역지질 조사처럼 광범위한 영역의 퇴적환경과 지각의 구조운동 등을 조사해야 한다. 양질의 석유가 생성되어 이동하고 땅속 어딘가에 매장되어 분포하고 있는 모습을 보면, 석유는 지역적인 특성과 함께 지구판의 움직임에 의해 중동, 러시아, 미국, 북해 등에 밀집된 사실을 알 수 있다. 천연자원이 광역적으로 넓게 분포하고 있음에도 불구하고, 지역적으로 밀집되었기 때문에 자원 강대국과 약소국이 나뉘는 안타까운 현실이 발생한 것이다. 석유 생성 조건을 갖추고 있는 지역은 자원 강대국이 됐지만 그렇지 못한 곳은 자원 약소국이 되고 말았다.

_ 석유의 부존 조건

탄화수소가 한 지역에 집적되기 위해서는 지질학적 조건이 충족해야 한다. 오랜 시간 동안 암석 틈(Pore, 공극) 사이에 저장되어 있는 석유가 발견되기까지 안전하게 충분한 양질로 존재하기 위해서는 석유를 생성하는 근원암과 함께 좋은 품질의 암석(Rock, 돌)이 필요하다. 이를 저류암(Reservoir Rock)이라 한다. 저류암 중 석유가 충분히 빠르게 움직일 수(유동, Flow) 있도록 광물(Mineral) 입자가 고르고 크거나 균열이 많은 암석이라면 생산성이 좋을 확률이 높다. 이러한 암석이 석유가 생선되는 근원암 주변에 있다면 근원암을 빠져나와 이동하는 석유를 담게 된다. 저류암은 강, 바다, 해안선, 사막 등 다양한 환경에서 작은 광물(또는 바닷속 산호초)들이 퇴적되어 생성된다. 또한 저류암은 퇴적된 암석들이 고온 고압에 의

석유야 놀자

해 변형된 암석(변성암)들이 깨지는 틈들로 형성되기도 한다.

한걸음 더 나아가 보면, 저류암이 생성된 퇴적환경에 따라 암석의 분포 및 특성들을 추정할 수 있다. 일반적으로 육상환경에서 생성된 퇴적물들은 작은 입자에서부터 중간 크기의 입자들로 구성된다. 이와 함께 해상환경에서는 점토(Clay) 성분의 더 작은 입자부터 퇴적물들이 고르게 퇴적되어 있다. 물론 퇴적 지형에 따라 차이를 가지고 있지만 퇴적환경이 만들어 주는 균등한 에너지에 따라 유사한 특성을 보인다. 이렇듯 어떠한 환경에서 무엇에 의해 얼마나 광범위하게 동일한 환경이 지속되었는지를 유추하여 저류암이 쌓여 있는 지층인 저류층을 분석하여야만 석유를 생산하기 위해 필요한 지질학적 정보를 얻을 수 있다.

경제성 있게 생산할 수 있을 만큼 풍부한 석유가 매장되기 위해서는 몇 가지 필수 조건들이 추가로 필요하다. 앞에서 다뤘던 근원암의 존재, 좋은 품질의 저류암과 함께 이동된 석유가 빠져나가지 않도록 뚜껑 역할을 하는 품질 나쁜(유체가 흐를 수 없는, Impermeable) 암석이 저류층을 덮고 있어야 한다. 이를 덮개암(Seal Rock)이라 한다. 석유가 이동하다 품질 좋은 저류암으로 흘러 들어가더라도 뚜껑이 없다면 물보다 가벼운 석유는 더 상부로 빠져나가 흩어져 버리기 때문이다. 달걀처럼 겉이 치밀한 껍데기(덮개암)에 싸여 흰자와 노른자(탄화수소)가 새어 나오지 않아야 한다. 다음으로는 이동해 오는 석유가 담겨질 수 있는 구조(Structure)이다. 땅속에서 생성되어 상부로(지표 방향) 이동하고 있는 석유를 충분히 담을 수 있는 구조가 형성되어 있어야 한다. 트랩(Trap)이라 표현되는 이 조건은 상업성 있는 양의 석유를 빠져나가지 못하게 담을 수 있도록 형성된 지질구조 모습을 설명한다. 석유가 이동하기 전에 이러한 트랩과 덮개암이 퇴적작용(Sedimentation)과 구조운동을 받아 만들어져 있어야 한다. 이 중 어느 하나라도 순서가 뒤바뀌게 되면 생성된 석유는 분산되어 버리고 만다. 지질학적 형성 시점(Timing)이 중요한 결정 요소이며, 이러한 여러 생선 조건이 모두 충족해야 하는 것은 석유탐사의 성공확률이 낮은 이유 중 하나이다. 석유가 집적해 있는 것처럼 여겨졌던 땅속을 확인해 보니 물(지층수)만 있게 되는 경우나, 예상했던 좋은 품질의 암석들이 없는 경우가 이에 속한다. '모든 조건이 만족스러워야 결과도 만족스러울 수 있다'라는 건 탐사 프로젝트에도 속하는 진리이다.

_ 무얼 가지고 찾나

석유를 찾는 탐사단계에서는 물리적인 현상과 반응을 이용하여 땅속을 들여다보는 방법을 주로 활용한다. 중자력과 탄성파라는 물리적 현상으로 땅속(시대별로 형성된 또는 퇴적된 암석 단위를 지층이라 부르겠다)의 지층을 구별한다. 그리고 특별한 반응을 보이는 석유를 찾는 것이다. 먼저 살펴보는 중자력(중력과 자기력)은 땅속에 분포하는 암석들의 물리적인 성질(밀도, 자력)을 항공기나 해상에서 탐사선(배)을 이용하여 취득할 수 있는 데이터이다. 중자력 데이터를 활용하면 넓은 범위를 비교적 쉽게 평가할 수 있어서 광역적인 분지 범위에 초기 검토 자료로 이용한다. 취득되는 자료의 정밀성과 신뢰도는 상대적으로 낮지만, 자료취득 기간과 비용이 적게 소요된다. 탐사사업은 일반적으로 탐사 1기, 2기, 3기 등으로 나눠지며, 초기 평가에서 정밀평가와 성공 여부를 확정할 수 있는 최종평가 단계로

석유야 놀자

도 구분한다. 탐사단계는 산유국 정부와의 광권계약 조건에 따라 다르게 정해질 수 있다. 조광권을 취득한 석유회사(Operator)는 주어진 기간 안에 석유의 발견 유망성을 판단하고, 개발과 생산을 위한 투자 여부를 결정해야 한다. 초기평가 단계에서는 산유국 정부로부터 확보한 넓은 육상(또는 해상) 지역에서부터 시작한다. 일반적으로 수백 제곱킬로미터의 범위에서부터 좁혀 나간다. 따라서 유망한 지역을 찾기 위해서는 광역적으로 취득할 수 있는 중자력 탐사의 역할이 중요하다.

정밀평가 단계로 넘어가면 탄성파 자료(Seismic Data)를 활용한다. 이는 진동이나 음파로 인해 부피나 모양이 변화하였다가 본래로 되돌아가려는 암석의 탄성이라는 성질을 이용한다. 탄성파탐사는 지표나 해수면에서 파동(Source)을 발사하여 땅속 지층 경계면에서 반사되어 돌아오는 파장을 수신기(Receiver)에서 얻는다. 이러한 반응을 분석하여 2차원(2-Dimension) 또는 3차원(3-Dimension)의 입체적인 모습으로 지층을 형상화하는 방법이다. 탄성파 자료는 파동이 땅속을 통과하며 반사되어 오는 데이터들을 기록한 것이다. 정밀평가 단계에서는 탄성파로 해석된 지층의 모습(지질모델)으로부터 석유가 담길 수 있는 곳을 찾는다. 사람의 인체를 검사하는 초음파와 달리 수 킬로미터 두께의 지층들을 해석하여 구분하기란 쉽지 않은 일이다. 측정의 오차, 해석의 오차, 수신된 기초자료(Raw Data) 해석 모델의 오차와 함께 잡음(Noise)들로 인한 어려움이 존재하기 때문이다. 데이터에 대한 작은 오차들이 누적된다면 탐사 성공은 어려워질 수 있다. 반대로 다양한 정보들을 복합적으로 검토하여 데이터별로의 불확실성을 상쇄하기도 한다. 이런 탐사 방법들은 석유가 부존할 수 있는 조건들이 형성될 수 있는 가정사항들에 대해 증명하는 과정 중 하나이다.

_ 유망주 찾기

지질학적인 자료들을 바탕으로 석유회사들은 성공 가능성(Geological Chance of Success, GCOS)을 평가한다. 이는 석유가 들어 있을 확률에 대한 평가이다. 회사별로 기준이 다를 수는 있지만 석유를 발견할 수 있는 (앞 장에 언급된) 조건들에 대해 기술적 타당성을 분석하는 과정이다. 다시 한번 살펴보면, 성공 가능성 평가단계에서는 석유가 생성될 수 있는 근원암과 유기물에서 석유로 발달할 수 있는 온도, 석유를 채울 수 있는 저류층, 분산되지 않도록 덮어주는 덮개암, 담을 수 있는 모습을 형성시키는 트랩, 석유가 생성되어 저장공간(저류층)으로 이동하는 시기(Timing), 마지막으로 이러한 조건들이 순서에 맞게 이루어졌는지를 평가한다. 이를 석유시스템(Petroleum System) 분석이라 부르며 석유가 만들어져 매장되어 있는 시스템을 일컫는 용어이다. 석유시스템은 물리탐사(중자력, 탄성파)에 의해 추측된 석유 부존층의 모습을 바탕으로 평가를 진행한다. 지질학적 성공 가능성(GCOS)이 높은 곳(구조)을 찾는 작업이며 탐사사업 단계에서 프로젝트 사업 투자 여부를 판단하는 근거가 된다.

얼마나 많은 자료를 확보하여 평가하였는지에 따라 유망성이 높은 구조를 유망구조(Prospect)로 정의한다. 하지만 정밀평가에서 충분한 탄성파자료(3D Seismic Data)의 부재로 기술평가 결과에 대한 확실성이 낮은 경우는 잠재구조(Lead)로 분류한다. 이 과정에서는 유망구조에 관한 지질학적 성공 가능성(GCOS)과 얼마나 많은 양

(석유)이 매장되어 있는지를 산정한다. 프로젝트의 성공을 책임질 유망주를 찾는 것이다.

탐사사업에서는 최종적으로 석유의 부존 유무를 확인하기 위해 시추(채굴) 작업을 한다. 시추 작업은 유망구조의 깊이와 위치 등에 따라 높은 투자비가 필요하다. 또한 시추는 최종 확인 단계인 만큼 투자자들의 관심이 집중된다. 이렇게 간접적인 데이터를 활용하여 석유를 찾아가는 탐사단계는 다양한 가설들과 불확실성을 풀어가는 과정이다. 하지만 2000년대에 접어들며 자료의 해상도, 해석 능력, 컴퓨팅 속도 등의 개선으로 기술력이 빠르게 발전 해오고 있다. 석유회사들의 투자가 지속되면서 빅데이터가 형성되었고 인근 탐사자료를 활용되는 것도 기술 발전에 한몫했다.

시추에서 석유의 집적 여부가 확인되었더라도 넘어야 할 산들이 남아 있다. 유망주에 대한 평가는 석유가 있고 없고의 문제를 포함해 경제성 있게 생산할 수 있는 조건들의 여부가 중요하기 때문이다. 유망주가 되기란 모든 분야에서 쉽지 않다. 한 가지 조건만 갖추어야 하는 게 아니기 때문이다. 유망주는 석유산업에서 최종적으로 투자자들의 선택을 받을 만한 경제적 가치를 두루 확보하고 있어야 한다. 유망성이 높은 지역의 경우 투자 우선순위를 정하고 경제성이 높은 유망구조에서 성공하면 인근 구조에 대한 연계 개발을 고려하여 후속 탐사작업을 추진하기도 한다. 땅속의 석유를 찾는 탐사의 시작이다.

확인을 위한 시추

탐사에서 선정된 유망구조는 시추(Drilling)라는 작업을 통해 석유의 발견 여부를 최종적으로 확인한다. 시추는 가장 고된 노동력을 필요로 하는 현장 작업 중 하나이다. 옛날 시골집 앞마당마다 있었던 우물처럼 지하수를 찾아 물이 흐르는 지점을 뚫어(굴착) 확인하는 작업을 말한다. 석유산업에서 시추는 지하수층보다 더 깊은 하부 지층까지 내려간다. 땅을 뚫어 아래로 아래로 석유를 찾아간다. 시추작업에서는 지층이 퇴적된 지하로 내려갈수록 높은 압력과 온도(지열)가 발생한다. 그래서 석유가 집적할 것으로 예상되는 심도(깊이)까지 안전하게 굴착하기 위한 제어가 충분히 설계되어야 한다. 이는 지층이 퇴적되고 지각운동(Tectonic)에 의해 융기와 하강 작용들이 단층(Fault)과 함께 형성되면서 본래의 지층들이 더 높게(융기) 혹은 더 낮게 위치(하강)하며 변하는 환경 때문이다. 이러한 지층에 발생하는 이상대 압력과 온도 조건들은 시추 작업에 종종 어려운 요인으로 작용한다.

지질학적인 퇴적환경을 예측하며 시추 깊이에 따르는 온도와 압력을 예측하는 모델링은 필수적인 작업이다. 퇴적된 지층들의 암상에 대한 분석과 깊이에 따르는 압력의 변화를 산정하여 굴착을 위해 필요한 장비들의 재질에서부터 강도, 두께, 열 전도율 등을 선정한다.

시추의 주요 작업 중 하나는 케이싱(Casing)이다. 이 작업은 지하 심부층 지점으로 들어갈수록 높아지는 압력 차이를 극복하기 위해 굴착한 구멍(Hole)과 높은 압력을 가지고 있는 지층을 단절시키는

석유야 놀자

역할을 한다. 또한 공벽(Hole wall)이 무너져 내리지 않도록 지지해야 한다. 그러기 위해서는 굴착된 시추공에 쇠 파이프를 넣고 구멍과 파이프 사이에 시멘트를 주입하여 고결시키는 작업을 한다. 작업 모습을 상상하기가 쉽지 않을 수 있다. 하지만 쉽게 예를 들면, 무너져 내릴 것 같은 비탈진 산기슭을 콘크리트와 철근으로 외벽을 만들어 붕괴를 막는 작업과 유사하다.

쇠 파이프 설치는 더 깊은 곳까지 안전하게 시추하기 위한 단계별 작업이라 할 수 있다. 지표와 가까운 지점에서의 최초 굴착 작업에서는 구멍의 지름이 상대적으로 크고, 심도 깊은 하부로 내려갈수록 파이프로 외벽을 막는 작업을 하기 위해 구멍의 크기가 좁아진다. 일반적으로 깊은 땅속을 시추하는 작업에서는 구멍의 지름이 30인치, 13−3/8인치, 9−5/8인치, 7인치, 4−1/2인치 순으로 작아진다. 시추산업에서 표준화된 규격이라 할 수 있다. 깊은 곳으로 들어갈수록 작은 시추장비들로 굴착한다. 시추는 성인남자 허리둘레만 한 지름으로 시작하여 팔뚝만 한 구멍 크기까지 작아지면서 석유를 찾는 작업이다 보니 정교함이 필요하다. 지층의 높은 압력이 시추공을 통해 갑작스럽게 빠져나올 수 있는 상황들이 발생할 수 있기 때문이다.

2010년 4월 10일 멕시코만 앞바다에서 발생한 'BP사고'(11명의 사상자 발생, 약 8억 리터 원유 유출)는 전례에 없는 막대한 손실과 피해를 안긴 사건이었다. 2015년 판결로 미국 정부에서 약 21조 원(187억 달러)의 배상금을 청구하였다. BP(British Petroleum, 영국) 기업으로서는 막대한 자산 손해를 입었다. 이 사고의 원인은 땅속 높은 압력의 석유가 시추 작업 중에 정상적으로 통제(Well Control)되지 못하고 시추공으로 나오며 발생하였다. 물론 사고를 막을 기회가 없는 것은 아니었다. 모두 실패했을 뿐이다. 초기 원인은 석유의 생산 준비가 되어 있지 않은 상황에서 땅속 탄화수소가 유입(Kick)되는 상황이 발생(① 케이싱과 공벽 사이 시멘트 작업 실패)한 것이다. 이후로 지층에서 빠져나와 시추공 안으로 유동하는 석유를 감지하지 못했다(② 높은 압력 인지 실패). 다음은 지표까지 올라온 원유를 화재가 발생하지 않도록 적절하게 처리하지 못하여(③ 바다로 방출 실패) 역사에 남는 화재로까지(④ 소방시설 고장) 커지게 된 것이다. BP사고는 전 세계 석유회사의 안전 인식을 재고하게 하였고, 다른 산업 분야에까지 안전에 대한 중요성에 대하여 다시금 일깨워주는 계기를 만들었다.

시추 작업은 지하에 생성되어 있는 석유까지 도달하면서 수직으로 굴착을 하는 경우도 있지만, S자형(경사정) 또는 L자형(수평정) 모습으로 내려가야 하는 때도 있다. 경사정과 수평정 시추는 방향을 바꾸는 장비들과 함께 다양한 모니터링 방법을 동원한다. 땅속의 시추 장비에 이용하는 위치 정보 송신기를 포함하여 지층의 특성을 실시간으로 파악할 수 있는 장비들을 함께 장착하기도 한다. 이러한 기기들과 함께 석유의 집적 여부를 확인하는 시추 작업은 막대한 비용이 소요되는 일이다. 바다 한가운데에서 4 킬로미터의 지하까지 시추하기 위해 많게는 약 520억 원(미화 4천만 달러, 2023년 시황)이 넘는 규모의 투자가 필요한 사례도 있다. 얼마나 많은 노동력과 고가의 장비들이 필요한지 가늠해 볼 수 있는 수치라고 할 수 있다.

석유야 놀자

_ 땅을 뚫는 시추기

자원이 풍부한 중동에서는 대다수 유전(Field)이 육상(Onshore)에 분포하고 있다. 하지만 일부는 해상(Offshore)에서도 생산한다. 석유를 찾는 관점에서 살펴볼 때 육상과 해상이라는 작업환경은 매장되어 있는 석유를 어떻게 확인하냐는 공통된 질문 안에서 바다라는 제약조건으로 인해 답을 달리한다. 이유는 석유의 집적을 확인하기 위한 유망구조 지역 시추를 위해서 육상이냐 해상이냐에 따라서 적용할 수 있는 장비가 나누어지기 때문이다. 조금 더 나아가 해상인 바다의 심도가 깊으냐, 얇으냐에 따라서도 활용할 수 있는 장비를 구분할 수 있다. 땅을 뚫는(굴착, Drilling) 장비를 시추기(Rig)라 부르는데 간혹, 심해에서 사용하는 배 형태의 시추기는 시추선(Drillship)이라고 한다.

해상에서 사용하는 시추기는 수심에 따라 적용 가능한 종류가 구분된다. 잭업 시추기(Jack-up Rig)라 불리는 시추장비는 수심 약 350 피트 이하에서 사용하며, 3개의 다리를 해저까지 내려 정착한 후 굴착 작업을 수행한다. 육지 인근 해안에서 멀어지며 수심이 3,500 피트 이하까지는 반잠수식 시추기(Semi-submersible Rig)를 사용한다. 수심이 깊어 해저면까지 닿을 수 있는 지지대를 세우기 어렵기 때문이다. 일반적으로 7,500 피트 정도까지의 심해(Deepsea)에서는 시추선(Drillship)을 이용한다. 그러나 요즘은 이러한 경계들도 기술의 발전으로 모호해지고 있다. 2000년대로 넘어오면서 육지 인근 해안의 석유들이 많이 발견되고 멀리 있는 바다(심해)로까지 탐사영역을 확장하는 석유산업이지만, 심해 시추선이 활발하게 쓰이는 곳은 아직까지 한정(Gulf of Mexico 등)되어 있다. 수심이 깊어질수록 시추에 필요한 장비들이 고가이며 투자비가 높아지는 연유 때문이다. 운이 좋았다면 2021년 한국의 동해 앞바다 탐사를 위해 국내 항구에 정착되어 있던 시추선을 볼 기회가 있었을지 모르겠다. 석유산업이 활발한 국가의 항구에서는 종종 볼 수 있는 유조선들과 시추기들이지만 한국 해안에서는 유조선을 제외하면 쉽게 찾아볼 수 없다.

석유회사는 굴착 하고자 하는 최종심도(Target Depth)에 따라 시추기에 장착된 세부 장비들의 운전 용량을 함께 고려하여 목적에 맞는 장비를 고용하여 사용한다. 한 걸음 더 나아가 설명하면, 시추기가 굴착 가능한 심도의 정도는 굴착기에 달린 쇠 파이프(Drill String)의 하중을 들어 올릴 수 있는 시추기의 동력장치(Power System) 용량에 달려 있다. 깊은 심도를 굴착 할수록 더 길게 달고 내려가야 하는 무거운 쇠 파이프를 들어 올리거나(기중기 역할), 굴착을 하도록 회전시킬 수 있어야 하기 때문이다.

시추하기 위해서는 굴착기 역할을 하는 시추기와 함께 땅속에서 굴착되어 나오는 암석 파편들을 땅 위로 밀어 올려주는 시스템이 필요하다. 또한 땅속에 생성되어 있는 석유(또는 가스)가 시추 작업 중에 지상으로 새어 나오지 못하도록 막아주는 역할도 해야 한다. 이를 이수(Drilling Mud)라 부르며, 굴착 시에 발생하는 높은 열을 낮추는 등 다양한 역할을 수행하기 위해 굴착하는 장비와 함께 주입하는 유체이다. 이수 외에도 지하로 내려갈수록 압력이 높아지기 때문에(0.433 psi/ft, 수두압), 높은 압력을 제어하기 위한 이수펌프(Mud Pump), 땅 위로 올라오는 파편 처리기, 수 킬로미터에 달하는 시추 파이프(Drill String)와 같은 장비들이 필요하다. 그리고 시추 현장에는 일반 건설현장에서 볼 수 있는 이동식 사무실(컨테이너 박스)과 숙소를 포함하는 시설들이 설치되어 있다. 24시간 운영되는 작업이기 때문에 작업인력들이 생활할 수 있는 공간들도 있다. 시추가 진행되고 있는 지역(Well Site)은 땅속을 굴착하고 있는 30인치 지름의 작은 구멍에 비하여 이처럼 넓은 현장과 다양한 장비들이 필요하다.

_ 어디까지 뚫을 수 있나

40,320 피트(feet, MDRT, = 12.290 킬로미터)는 세계 기네스북에 가장 긴 시추공 길이로 등재되어 있는 수치이다. 카타르 해안 인근에서 머스크 오일(Maersk Oil) 회사가 2008년도에 세운 기록이다. 땅속 수직으로 들어간 길이는 1.387 킬로미터 정도이고, 나머지는 옆으로(수평, Horizontal Section) 뚫고 들어간 거리이다. 수직으로 가장 깊게 시추한 이력은 40,230 피트(12.226 킬로미터)를 시추한 러시아의 시추공(Kola Superdeep Borehole, 1989년)이다. 노르웨이와의 국경 근처에서 시작한 시추공은 지하의 높은 온도(180℃)로 인해 지층의 암석들이 굴착되지 못하는 상태에서야 시추 프로젝트를 멈추게 되었다. 땅속으로 굴착된 12 킬로미터라는 거리는 서울시청에서 롯데월드타워까지 직선거리가 될 정도로 먼 거리이다. 현재는 기술력의 진보로 땅을 굴착하여 깊은 곳까지 도달할 수 있는 길이가 더 깊어지고 있다. 하지만 깊은 곳을 굴착 할수록 막대한 비용을 투자해야 한다는 이유로 경제성 평가에 따라 최대 수익률을 낼 수 있는 최적화된 시추공 길이로 의사결정이 이루어진다.

탐사사업이 시작된 이래 심도가 낮고 많은 양의 석유가 집적되어 있는 유망구조들이 순차적으로 발견되고 생산을 개시하였다. 석유 회사들은 쉬운 탐사 지역에서부터 어려운 지역으로 탐사 범위를 확대해 나아가는 추세이다. 이와 더불어 굴착하는 기술들도 안정화 단계에 접어들면서 수 킬로미터(<5 킬로미터) 정도의 시추는 흔하게 찾아볼 수 있다. 땅 위에서 찾아보면 30인치의 작은 구멍으로 보이지만 그 속으로는 수 킬로미터 깊이까지 굴착되어 있다는 사실은 석유산업이 보유하고 있는 높은 기술력의 한 모습이다.

_ 시추에서 만난 석유

땅을 굴착하다보면 오랜 세월 퇴적되어온 지층들을 현대에서 과거순대로 만날 수 있다. 이는 지층이 형성되었던 시대의 환경을 그려볼 수 있는 단서가 된다. 시추 작업으로 땅속을 파내어 나오는 지하 암석의 파편(Cutting)들이 과거를 찾는 하나의 실마리이다. 시추기는 심부층으로 내려가기 위해 굴착된 파편들을 지표로 배출한다. 그리고 기술자들은 지표에서 검출되는 파편들을 검사(Mud Logging, 이수검층)하여 시추 전 예측하였던 지층들의 모습 대비하여 실제 암석들의 특성을 파악한다. 이러한 작업은 시추 전 세웠던 가설들이 얼마나 정확하였는지를 알아보며 석유가 매장해 있을 저류층의 전체 모습을 그리는 단계이다.

이수검층은 굴착 하고자 하는 유망구조(석유가 부존하고 있을 것으로 추측되는 지층)에서 석유가 집적하고 있는 지층의 두께가 얼마나 두꺼운지, 어떤 성분의 광물들로 구성되어 있는지, 어디서부터 어디까지 탄화수소가 생성되어 있는지 등을 추정할 수 있는 데이터를 제공한다. 파편들은 시추로 인해 부서진 암석의 작은 조각이지만 파쇄암석 내(공극) 갇혀 있던 소량의 석유가 함께 지표에서 검출되기도 한다. 물론 작은 구멍을 뚫는 작업이다 보니 파편과 함께 많은 양의 석유가 검출되지는 않지만, 탄화수소의 발견 가능성을 예측할 수 있는 지표로 활용한다.

시추 작업의 첫 번째 목적은 목표 깊이까지 안전하게 굴착하는 것이다. 아무리 지층에 석유가 부존하더라도 생산 유체를 처리할 수 없는 상태의 시추 작업 중에 석유 또는 가스가 지상으로 유출되지 않아야 한다. 따라서 탐사 시추는 곧 확인의 길로 가는 과정이지 석유를 생산하는 단계라 할 수는 없다. 물론 석유의 생성 유무는 시추 중에 취득되는 정보로 인해 직접 또는 간접적으로 알 수도 있다. 하지만 명확하게 평가할 수 있는 데이터는 시추 이후에 얻어지는 정보이다.

굴착 작업이 완료되면 유망구조의 암석 특성과 집적된 유체(석유/가스/물)의 분포를 확인하기 위해 물리적 특성을 이용하는 검측 장비로 데이터를 취득한다. 이를 물리검층(Well Logging)이라 부른다. 검층 장비는 시추 장비와 함께 장착할 수도 있는데, 굴착을 진행하면서 실시간으로 데이터를 취득(Logging While Drilling)하는 방식이다. 비용이 상대적으로 비싸지만, 굴착 장비에 영향을 받지 않는 일부 데이터들을 실시간으로 얻을 수 있다. 또는 시추가 완료되고 시추공으로 장비를 투입하여 자료를 취득하는 방식이 있다. 물리검층은 암석(고체)과 석유(액체), 가스(기체), 물(액체)의 화학적 및 물리적 특성 차이(수소 비율, 밀도 차이, 비저항 특성 등)를 이용하여 시추공 주변에 얼마나 많은 탄화수소가 분포하고 있을지를 산정하기 위한 입력 인자들을 측정한다. 그리고 석유를 생산해 낼 암석(저류층)

의 특성을 평가할 수 있는 데이터도 취득한다. 이는 얼마나 빠르게 유체가 암석을 투과할 수 있는지 추산하고 암석의 틈이 어떻게 생기고 분포해 있는지에 대해 알 수 있는 데이터들을 내포한다. 시추 과정에서 땅속을 뚫고 유망구조를 지나 황금과 같은 지하자원인 석유를 직접 만나는 과정의 희열은 확인할 수 없지만, 시추에서 만난 석유는 다양한 데이터들을 토대로 추측되어 진다. 이러한 물리검층 데이터는 석유회사들의 중요한 자산이다. 땅속 수 킬로미터를 굴착하여 얻은 데이터인 만큼 그 가치는 가볍지 않다.

시험 생산을 해보자!

석유를 발견하는 기나긴 여정의 마지막 단계이다. 시추 작업으로 석유가 부존해 있는 지하의 저류층까지 안전하게 굴착을 완료하였다면 땅속에 실제 집적하고 있는 유체를 확인해야 한다. 석유가 어떤 특성이 있는지 평가하기 위한 과정이 필요하다. 깊게는 수 킬로미터 지하에 매장되어 있는 천연 탄화수소(Hydrocarbon)는 액체 상태의 석유일 수도 있고 기체 상태의 가스일 수도 있다. 또는 석유가아닌 지층수(물)가 들어 있을 수도 있고 암석들의 아주 미세하게 작은 틈 사이에서 흐르지 못하고 갇혀 있기만 한 경우도 있다. 땅속의 환경들은 시추 굴착 전 탐사단계에서 예측하였던 모습들과 일치할수도 있지만 일치하지 않는 경우가 빈번히 발생한다. 이러한 다양한 상황들에 대한 최종적인 확인을 위해서 시험 생산을 수행한다. 생산시험은 땅속의 (아직은 석유일 수도 있고 물일 수도 있는) 유체를 땅 위로 끌어올려 직접 육안으로 관찰하는 작업의 한 종류이다. 눈

그림 1.2 시추 후 생산시험 준비를 위한 불꽃

으로 확인된 유체의 성상(기체/액체/고체)과 함께 구체적인 성분(탄화수소 구성 성분)에 대한 분석을 위하여 시료 채취(Fluid Sampling)를 함께 이행한다. 석유가 발견된 저류층 암석의 성질(특성)을 알아보기 위한 시험도 마련한다. 이를 산출시험(Drill Stem Test, DST)이라 한다. 산출시험은 암석에 집적되어 있는 석유가 얼마나 빠르게 흐를 수 있는지(투수율, Permeability), 얼마나 많은 양을 생산할 수 있는지 등의 저류층 특성을 확인하는 작업이다. 저류층에 부존하고 있는 석유가 빠르게 흐를 수 있다면 적은 생산정 수로도 많은 양의 원유를 생산할 수 있어서 적은 투자비로 큰 수익을 올릴 수 있는 조건이다.

산출시험을 위해서는 지표로 생산된 원유나 가스를 임시로 처리할 수 있는 시설과 저장 탱크가 사전에 준비되어 있어야 한다. 땅속에 석유가 매장되어 있다면 시험 생산을 시행하지만, 없다면 시험 생산을 위해 준비된 장비들을 사용하지 못해도 임차료를 지급해야한다. 그래서 심해와 같이 많은 장비를 해상에 준비해 놓기 어렵거나 비용이 많이 소요되는 경우에는 간접적인 방법의 생산시험을 선행하기도 한다. 간접적인 방법으로는 땅속의 석유를 지표까지 생산하지 않고, 작은 펌프가 달린 장비를 이용하여 소량의 석유를 시추공 내에 인위적으로 추출하면서 반응을 살피는 소형산출시험(Mini-DST)이 있다. 다만 특정 구간에서 적은 양의 유체 흐름을 분석하여 지층을 평가하므로 대상 구간이 광범위할수록 시험 결과의 대표성에 대한 불확실성이 존재한다.

땅속을 굴착한 후에 진행하는 생산시험에는 많은 인력과 장비들이 동원되기 때문에 운영 기간에 따라 매일매일 지급해야 하는 비용이 결정된다. 때로는 시추(또는 굴착)에 필요한 인력들이 생산시험이 끝날 때까지 기다렸다가 시험이 종료된 후에 시추를 마무리하는 경우도 있다. 단계별로 소요되는 투자비가 높은 만큼 시험 방법에 대하여 효율적인 계획을 수립하고 투자 결정을 내려야 하는 일이 빈번하다. 다양한 방법들을 순서대로 적용해 가며 땅속 깊은 곳에 대한 정보를 차근차근 알아가고 싶지만, 주어진 경제적 여건들이 사업성을 결정지을 수 있기 때문에 시간에 쫓기는 경우도 발생한다.

지하의 천연자원을 발견하였을 때 얻어지는 수익성은 크다. 하지만 경제성 있는 규모의 석유를 발견할 성공확률이 10%대에 머무르고 있는 사업이기도 하다. 높은 리스크와 많은 투자비에 대한 진입

장벽으로 인해 소규모의 석유회사들보다는 국영석유회사와 같이 정부의 지원을 받는 회사나 다국적기업, 대기업 등이 사업에 많이 참여하고 있는 이유이기도 하다. 시추 후 진행되는 생산시험은 이러한 프로젝트의 성패를 판가름할 수 있는 중요한 과업 중 하나이다. 시험 결과를 밤새워 기다리기도 한다. 넓은 땅 위에서 작은 구멍 하나 뚫어 놓고 땅속을 평가한다는 것은 어불성설일 수 있으나, 그간 공들여온 탐사에서 시추에 이르는 과정을 한 번 매듭짓는 순간이다. 단계적으로 확실하지 않은 자연의 현상에 대한 규명을 해나가는 험난한 여정 중 하나이다.

_ 생산시험이 주는 정보

석유의 부존 유무를 직접 확인하기 전까지는 단호하게 확정할 수 없는 불확실성이 존재한다. 땅속 깊은 곳에 존재할 것으로 믿게 만들어 주는 다양한 탐사자료들이 있지만 각각의 자료들을 해석하기 위한 가정사항들과 에러(측정자료 에러, 모델 정확도, 모델인자 선정 에러)에서 기인하는 부정확성 때문에 이를 지시하는 신호를 100% 확실하게 만들어 주는 과정이 필요하다. 이는 앞서 서술한 생산시험이고, 시추를 통해 설치된 생산관(Tubing)으로 저류층에 매장되어 있는 유체를 임시로 생산하는 프로세스이다.

석유가 부존된 저류층은 오랜 시간 퇴적(전 세계적으로 석유가 가장 많이 발견된 저류층 암석은 퇴적암이다), 침식, 구조운동을 받아왔다. 석유는 생성되어 이러한 구조 안으로 이동(Migration) 및 갇히게 (Trap) 되면서 높은 압력의 유체 상태를 갖게 된다. 생산 초기에 땅속의 석유들이 분수처럼 뿜어져 나오는 오래된 영화(Giant, 1956년)

를 보았다면 이는 지층의 높은 압력에 의해 발생한 현상이다. 실제 현대의 석유개발 현장에서는 환경과 안전 문제로 인하여 볼 수 없는 광경이다.

생산시험은 석유가 집적되어 있는 땅속의 환경을 알려준다. 탄화수소의 특성(상태 변화, 부피, 점성도 등)에 가장 크게 영향을 미치는 저류층의 초기 온도와 압력뿐만 아니라 생산 기간 동안 변화하는 경향을 일러준다. 기술자들은 시간에 따라 변화하는 다양한 지층의 정보(Dynamic Data)를 얻기 위해 시추로 굴착한 땅속에 온도 및 압력 측정기를 저류층 깊이 가까이에 장착한다. 지표에서도 생산되는 원유나 가스가 지표면으로 나왔을 때 유체의 온도와 압력, 생산량을 측정하는 장비를 설치한다. 그리고 시험 기간 동안 취득한 온도와 압력, 그리고 생산량이라는 데이터를 통해 땅속을 유추한다. 얼마나 빠르게 석유가 저류층에서 흐를 수 있는지(유동 능력), 땅속의 모습은 어떤지, 얼마나 많은 석유가 매장되어 있는지, 부존되어 있는 유체는 어떤 모습(석유, 가스, 물)을 가졌는지 등을 알 수 있다. 이는 본격적인 개발과 생산 계획 수립을 위한 필수적인 작업이다. 한적한 시골에 지하수(물)를 찾아 우물을 파는 작업과 비교한다면, 땅속에 석유, 가스, 물이 함께 흐르는 조건(3-Phase, 3상)이기 때문에 한층 더 심화 작업이다.

시험 기간은 단기와 장기로 나뉜다. 기간이 주간 단위를 넘어 몇 달에 걸치거나, 또는 몇 년에 가까운 기간 동안 진행하는 경우도 있다. 이를 장기생산시험으로 구분한다. 시험생산이 길어질수록 폭넓은 데이터를 얻을 수 있어 땅속에 대한 불확실성을 줄일 수 있는 장점이 있다. 반면 프로젝트의 진행이 늦춰지면서 비용이 증가하는

석유야 놀자

단점도 존재한다.

프로젝트의 성격에 따라 대규모의 자본투자가 필요할수록 모르는 정보에 대해 명확히 하고 싶어 한다. 그런데도 회사 본연의 목적인 '이윤 추구'는 석유산업에서도 놓칠 수 없는 필수 조건이다. 따라서 연구목적이 아니라면 의사결정의 근간이 되는 자료 중 하나는 경제성 평가 결과이다. 경제적으로 꼭 필요한 데이터의 종류가 결정되고 그에 맞도록 시험계획이 세워진다.

시험계획에는 시험을 하면서 생산하는 유체(원유, 가스, 물)를 채취하여 그 성분을 분석하는 과정도 포함한다. 지표로 올라온 유체를 표본 채취할 때도 있고 땅속의 고온, 고압 상태에서 초기의 모습을 정확히 알기 위해 시료를 취득하는 사례도 있다. 취득된 샘플들의 성분 자료는 땅속의 환경을 이해하기 위한 기초자료로 사용한다. 액체 상태를 가지고 있는 원유 샘플의 경우는 고압을 유지해야 하는 가스보다 저장이나 보관이 쉽다.

대부분 석유는 지표로 생산되면서 소량의 가스(탄화수소)를 방출하여 열에 의한 폭발 위험성을 가진다. 따라서 시험 설비들은 외부로 가스가 누출되지 않도록 국제기준에 맞추어 생산지점에서부터 저장 공간까지를 연결해 놓는다(Closed System). 미국석유협회(American Petroleum Institute, API)는 이러한 석유화학 관련 설비, 시험 등에 대한 국제표준과 규격을 제시하였고, 많은 석유회사가 이를 준용하여 사용하고 있다.

석유를 생산하면서 측정하는 압력, 온도, 유량과 유체, 그리고 암석의 성분만을 이용하여 그 특성을 파악하기까지는 많은 양의 데이터에 기반을 둔 실험적 그리고 경험적 이론들이 포함되어 있다. 이러한 해석적 방법들이 땅속을 열어주는 키가 되어준다(아쉽지만, '키'를 설명하는 석유공학 학문의 수학적 배경은 본 저서에 포함하지 않았다). 지하수가 흐르는 땅속을 채굴하여 물을 길어 사용하던 시절의 학문이 석유산업에 적용된 것이다.

생산시험의 결과는 기업에서도 중요한 이슈 거리이다. 물론 한 번의 성과가 땅속에 매장되어 있는 석유에 대한 정보를 전부 말해 줄 수는 없다. 하지만 초기에 보이는 반응으로 해석된 데이터가 프로젝트의 성패를 가늠해 볼 수 있는 초석이 된다.

_ 시험을 했으니, 이젠 생산?

시험 생산을 통하여 좋은 결과가 나왔어도 넘어야 할 몇 가지 산이 있다. 이 과정을 시추 후 평가라고 한다. 좋은 땅을 골라 시추하고 생산시험을 마쳤으니 지금까지 얻어진 자료들을 가지고 정밀평가를 하는 과정이다. 생산시험 과정에서 얻어지는 원유와 가스, 또는 물 성분에 대한 실험실 분석이 그중 하나이다. 현장에서 채취한 샘플들은 유체(원유, 가스, 또는 물)에 포함된 탄화수소 성분, 불순물(독성 물질, 황화합물, 이산화탄소, 수소 등 탄화수소를 제외한 모든 성분), 가스 포화도, 끈적끈적한 점성도, 밀도 등 고유한 특성들을 정밀기기로 측정한다. 특성에 따라 유체는 가스(Gas), 가스-컨덴세이트(Gas-Condensate), 휘발성 원유(Volatile oil), 원유(Black oil)로 구분한다.

원유는 판매하는 품종에 따라 세계 3대 대표 유종인 Brent유(영국 북해에서 생산하는 유종), WTI유(미국 서부 텍사스주에서 생산하는 유종), Dubai유(두바이에서 생산하는 유종)가 있다. 이는 유가를 정하는 기준 역할을 한다. 원유는 가스와 다르게 상대적으로 탄화수소 혼합물의 구성 성분이 다양하여 품종과 가격을 다르게 책정한다. 무거운 탄화수소와 황화합물의 함량이 높을수록 정제작업 단가 상승에 따라 가격이 낮아지는 경향이 있다. 원유의 종류는 비중(Specific Gravity)에 따라 미국석유협회(API)에서 제안한 기준에 의해서도 나뉜다. 단위는 °API를 사용하며, 22 API °보다 낮으면 중(重)질유, 38 API °보다 높으면 경(輕)질유, 22~38 API °사이면 중(中)질유로 구분한다. 이처럼 석유는 목적에 따라 서로 다른 특성을 기준으로 구분하는 다양한 분류체계를 가지고 있다.

두 번째는 시추 과정에서 얻어지는 땅속 암석들의 특성 분석이다. 이 평가에서는 시료(Core)라고 불리는 암석 안에 석유가 집적할 수 있는 빈 공간(공극, Pore)의 분포와 암석을 이루고 있는 광물 구성, 단단한 정도(강도), 그리고 유체들이 얼마나 빠르게 흐를 수 있는지 등을 분석한다. 시추 현장으로는 정밀검사에 필요한 장비들을 직접 이동시키지 않는다. 시추 후 필요성에 따라 세부 검사를 실행할 수 있는 실험실로 분석을 별도 의뢰한다. 이러한 평가는 작은 구멍 하나를 뚫어서 광범위하고 넓게 분포한 땅속 석유의 부존 환경을 유추하는 과정이다.

위와 같이 실험실에서 수행하는 분석과 함께 탐사지역 또는 시추 대상지역의 석유 부존량을 산정한다. 시추 지역에 대한 총괄적인 평가이기도 하면서, 프로젝트의 향후 진행 여부에 관한 판단 근거이다. 그리고 생산시험 결과에 따라 향후 추가로 필요한 평가 계획, 개발 및 생산에 대한 구체적인 방안을 함께 수립한다. 여기서 석유의 부존량은 곧 프로젝트의 자산 가치이기 때문에 중요한 요인으로 작용한다. 부존량의 크기에 따라 소규모에서 대규모 생산시설의 필요성 여부가 결정되어 진다. 첫 번째 시추에서 석유가 확인되었어도 추가로 두 번 또는 세 번의 시추를 수행함으로써 매장되어 있을 것으로 예측되는 땅속을 확인하는 추가 평가가 필수적이다. 이때 수행하는 시추 이름을 평가정(Evaluation Well)이라 부른다. 내가 서 있는 발밑에 있는 석유가 1킬로미터 앞 땅속에도 있는지 아닌지에 대한 식별자료가 필요하기 때문이다. '확인을 위한 시추'의 필요성과 같은 이유이다.

시추 후 평가에서는 굴착작업(Drilling) 자체에 대한 분석도 이루어진다. 시추의 생산성 향상을 위한 작업 중 하나이다. 석유가 매장되어 있는 땅속까지 굴착하면서 얻어지는 데이터들을 이용하여 기록을 남기고, 잘된 부분과 잘못된 부분을 해석하여 개선점을 찾는 과정이다. 시추 작업은 석유개발에 있어서 많은 비용을 투자하는 분야이기 때문에 작업 효율성 향상을 통해 절감할 수 있는 내역을 찾아내기 위해 노력한다. 얕은 육상 시추는 수억 원에서부터 깊은 심도의 해상 시추는 수백억 원 규모까지도 투자가 필요하다. 시추로 석유 부존을 발견하지 못했다면 실패 금액이 될 수 있는 비용이다. 막대한 투자에 앞서 상업적 성공 가능성을 포함한 사전 평가인 기대수익(Expected Monetary Value, EMV) 산정을 기초로 프로젝트를 진행한다. 성공할 때 얻을 수 있는 수익과 실패 시의 비용을 고려한 기대수익은 석유 탐사산업에서 종종 쓰이는 경제성 지표이다.

_ 시험에 통과한 유정

석유가 있다는 것을 확인하고 지표까지 생산한 유정(Well)이더라

석유야 놀자

도 지속 생산을 할 수 있는 것은 아니다. 영구적으로 상업성 있게 생산하기 위해서는 거쳐야 할 절차가 있다. 석유개발 프로젝트를 진행하고 있는 산유국 정부의 승인이다. 생산시험에서 긍정적인 결과(높은 원유 생산량과 부존량)를 보여준 유정의 데이터를 기초로 유전(Field)의 개발계획(Field Development Plan, FDP)을 수립해야 한다. 개발계획이라 불리는 FDP에 대한 자세한 설명은 다음 장에서 다루겠지만, 석유사업을 추진하는 과정에서 산유국 정부의 계약 규정에 따라 수행해야 하는 작업이 존재한다. 기본적으로 땅속에 있는 천연자원은 해당 소유국의 고유 자원이기 때문에 개발이라는 행위를 하기 위해서는 산유국의 정치적 및 경제적, 환경, 법규 등을 준수하여야 한다. 법규에는 자원개발관련 규제, 환경 규제, 안전 규제, 특별법 등으로 이루어져 있다. 국가별로 공통적인 규제도 있지만 상이하게 적용하는 규정과 법규가 있기 때문에 세심한 접근이 필요하다. 일례로 많은 국가에서 대기 중으로 배출하는 탄화수소 가스(온실가스로 분류)의 양을 통제하는 것도 다르게 적용하는 규제 중 하나이다. 일부 국가에서는 환경 규제상 제한된 양까지 배출할 수 있으나, 다른 국가에서는 별도로 승인된 양을 제외하면 일체 대기 중으로 배출할 수 없도록 통제한다.

2010년대에 접어들며 미국 셰일가스와 셰일오일과 함께 석유업계에 대항한 강력한 규제는 환경 관련이었다. 땅속 셰일(Shale)이라는 입자처럼 굉장히 작은 광물로 형성된 암석과 함께 부존하는 가스나 오일 개발을 위해서는 수압파쇄(Hydraulic Fracturing)라는 과정이 필수이다. 유체가 흐를 수 없을 정도의 치밀한 암석을 높은 압력의 물로 파쇄하는 작업이나. 이때 땅속에 많은 물을 넣어야 하고,

이는 때로 과도한 물 사용량과 지반 구조의 붕괴 등으로 인한 환경 문제로 시민단체와 대립을 했다. 시험 단계에서 영구적인 생산단계로 넘어가기 위해서는 규제를 포함해 거쳐야 할 산들이 있고, 더불어 영구적인 생산시설 건설이 필요하다. 하나의 생산정(Production Well) 보다는 여러 개의 생산정을 포함한 설비들에서부터 동시 생산을 시작해야 상업적으로 프로젝트 경제성이 높아지기 때문이다. 석유산업이 다른 산업들에 비해 상대적으로 장기간의 투자와 인내, 그리고 전략이 필요한 분야로 분류되는 이유이기도 하다. 탐사하고 시추해서 생산시험에 성공하더라도 수년의 평가, 개발 기간을 더 지나야만 투자한 비용에 대한 회수를 시작할 수 있다. 프로젝트가 진행하는 도중에 변화하는 주변환경(유가, 산유국 정책, 국제정세 등)에 의해 결정이 지연되는 경우도 상존한다. 기록에서 살피면 아프가니스탄 전쟁(2001년), 이라크 전쟁(2003년), 예멘 내전(2012년), COVID-19 대유행(2020년), 우크라이나 침공(2022년) 등의 통제 불가능한 상황이 프로젝트에 영향을 미쳤다.

성공적인 생산시험을 마친 유정은 석유가 집적하고 있는 지역(유전)을 프로젝트 단위로 하여 구체적인 개발 및 투자 계획을 수립한다. 그리고 이를 산유국 정부에 제출 및 승인 절차를 밟아가며 진행시킨다. 장기간의 투자와 복잡한 의사결정 단계들이 산유국 정부와의 계약 조건에 따라 진행되다 보니 탐사에서 성공하여 생산되기까지 수년 이상의 시간이 소요한다. 코로나 시대에 OPEC+(석유수출국기구와 러시아 등 주요 산유국) 국가들이 유가 안정화를 위해 공급량 증대(2022년 하반기)를 위한 증산을 하고 싶어도 급작스럽게 시행하지 못하는 주요한 이유 중 하나였다. 저유가 시대에 줄어들었던 탐사사업 투자가 영향을 끼친 것이다. 반대로 경기침체기에 감산을 결정하고 이행하는 데는 생산 운영에 어려움은 없으나 프로젝트의 경제성이 낮아질 수 있다.

얼마나 저장되어 있나?

땅속에 매장되어 있는 석유의 정확한 양을 추정하는 것은 중요한 과정 중 하나이다. 매장되어 있는 양에 따라 필요한 생산시설들의 장비와 규모, 요구되는 성능에 맞도록 개발계획을 수립하여야 한다. 이를 바탕으로 기술적으로 생산해 낼 수 있는 생산량을 경제적으로 높은 부가가치를 달성할 수 있도록 계획하여야 한다. 즉, 발견된 부존량은 석유개발 단계의 주요한 시작점이 되는 것이다.

석유의 부존량은 기술적인 요소와 상업적인 요소를 기준으로 정의한다. 대분류에 속하는 자원량(Resources)과 매장량(Reserves) 분류는 기술적으로 탐사시추 및 산출시험 등에 의해 석유의 발견 여부를 확인한 경우로 구분한다. 이는 상업적 성숙도 단계에 따라 경제성 있게 생산 가능한 양을 가리키는 매장량과 그 이전의 탐사 또는 개발단계에서 명명하는 자원량으로 나뉜다.

여기에 기술적이라는 표현은 부존량을 평가하는 시점을 기준으로 석유 산업계에서 연구개발 단계를 마치고, 현장에 적용되어 쓰이고 있는 장비, 시설, 방법 등의 적용을 가정한다. 상업적이라는 의미는 석유가 매장되어 있는 광구의 정부와 맺은 계약기간 내 계약서상에 명시되어 있는 로얄티, 세금, 특별금 등의 산유국 정부로 지불해야 하는 금액을 포함한 경제성 평가에서 순이익이 발생하는 투자계획서의 승인 여부를 근거로 한다. 기술적인 평가를 위한 평가자료의 확보 여부에 따른 불확실성의 정도와 상업적인 평가를 바탕으로 한 사업 성숙도의 증가에 따라 석유의 부존량에 대한 범주를 다르게 한다. 눈에 보이지 않는 석유의 양을 추정하는 정확도에 의해 분류되어 있다고 말할 수 있다.

자원량의 분류는 국제 석유공학학회(Society of Petroleum Engineers)를 주체로 유관 산학연의 합의에 따라 사용되고 있는 석유자원관리시스템(Petroluem Resources Management System, PRMS) 정의를 준용하였다. 다만 한국어 표기로 전환하면서 이해도와 국내 산업계 및 학계에서 공통으로 사용하고 있는 표현[1]들을 기초하여 원문 표기와 어긋나지 않도록 수정해 사용했다. PRMS 정의 외에도 캐나다에서 사용하는 기준(Canadian Oil and Gas Evaluation, COGE), 러시아를 포함한 CIS 국가들에서 사용하고 있는 다른 기준들도 있다.

석유의 부존량은 프로젝트 단위로 구분하여 산정한다. 석유를 생산하는 한 개의 생산정에서 부터 여러 개의 땅속을 연계하여 개발 및 생산하는 투자나 계약 단위를 기초로 한 개의 프로젝트라 인식한다. 이 책에서는 가장 많은 국가가 표준으로 채택하여 사용하고 있는 PRMS를 살펴본다.

---

1 국내 유가스 매장량 평가 기준 표준화 연구[2009년, (구) 지식경제부]에 따르면 Contingent Resources는 발견잠재 자원량, Prospect Resources는 탐사 자원량으로 표기했다.

석유야 놀자

원시부존량 (Total Petroleum Initially-In -Place, PIIP)	발견 원시부존량 (Discovered PIIP)	매장량(Reserves)		
		확인 (Proved, P1)	추정 (Probable, P2)	가능 (Possible, P3)
		가능자원량(Contingent Resources)		
		최소(C1)	최적(C2)	최대(C3)
	미발견 원시부존량 (Undis- covered PIIP)	예비자원량(Prospective Resources)		
		P90	P50	P10
		회수불가능양(Unrecoverable)		

표 1.1 자원량, 매장량 분류

_ 시작은 원시부존량에서

암석들 사이에 생성되어 있는 석유들은 대체 얼마나 많은 양일지에 대한 의문에서부터 시작한다. 육안으로는 쉽게 구별하지 못하지만, 땅속 암석들은 작은 알갱이 모양의 광물로 이루어져 있고, 광물들 사이에는 빈공간(Pore, 공극)이 있다. 마치 아무리 작은 구슬들이 쌓여 있더라도 사각진 정육면체 모양 구슬이 아니라면 구슬과 구슬이 접촉하는 면 사이에는 틈이 존재할 수밖에 없는 원인과 같다. 이러한 공간에 석유와 물이 채워져 있으며, 석유가 채워져 있을 거라 가정되는 땅속 전체 공극의 부피(면적 × 높이 × 공극률) 내 석유의 총량을 원시부존량(Hydrocarbon, 또는 Petroleum, Initial in Place, HIIP)이라 한다. 개발과 생산이 이루어지기 전 땅속에 매장되어 있는 초기 총량을 말하며 석유개발 산업에서 처음으로 계산하는 1차적 석유자원 가치이다.

여기서 1차적이라는 표현은 땅속 깊은 암석들에 매장되어 있는 석유를 땅 위로 100% 생산해 낼 수 있는 방법이 없기 때문이다. 쉽게 표현하면, 원시부존량은 회사의 실제 가치로 여겨지지 않는다. 석유회사들은 기술을 발전시켜 땅속 석유를 100%에 가까이 회수하기 위해 노력하고 있다. 기술을 발전시키고 돈을 투자한다. 얼마나 효율적으로 최대한 많은 양의 석유를 경제성 있게 생산할 수 있는지를 연구하고 도전한다. 석유 업계의 공학자들이 담당하고 있는 몫이다.

일반적으로 액체 상태의 석유는 원시부존량의 20~40%를 생산 목표로 계획하고, 기체 상태의 가스는 50~75% 사이를 생산(회수)하는 것이 평균적이다. 얼마나 깊은 곳에 매장되어 있는지, 품질이 좋은 석유인지, 암석들에 석유가 잘 흐를 수 있는지, 다양한 기술들을 접목하고 있는지 등의 개발 여건에 따라 땅속 석유를 얼마큼 생산할 수 있는지 영향을 미친다. 원시부존량에서 몇 퍼센트를 궁극적으로 회수하는지는 생산이 종료되는 시점까지 누적 생산된 양을 원시부존량으로 나눠주어 산정할 수 있다. 이를 회수율(=누적 생산량/원시부존량)이라 한다. 회수된 양을 제외하고 60%에 가까운 석유들은 현재의 기술력으로 생산하지 못하고 땅속에 남아 있게 된다. 원시부존량이 기업의 실제 가치로 평가되지 않는 이유이다.

_ 자원량은 얼마나 정확할까?

'아는 만큼 보인다.'라는 말이 있다. 사업 초기의 탐사단계에서 정의하는 자원량은 산출하는 과정에서 한정된 데이터와 불분명한 특성들로 인하여 그 양에 대한 신뢰도가 상대적으로 낮은 단계에 있다. 충분한 정보들을 파악하지 못한 사업단계이기 때문이다. 탐사단계에서 석유가 부존할 것으로 평가하는 구조는 불확실한 기술적 자료들의 한계를 반영하여 수치 또는 자료의 정확성에 따라 하위분류인 플레이(Play), 잠재구조(Lead), 유망구조(Prospect)로 나뉜다. 이는 땅속 저류층(석유가 매장되어 있을 것으로 추정되는 암석층) 평가 성숙도에 따른 분류로서 플레이, 잠재구조, 그리고 유망구조로 갈수록 불확실성을 줄일 수 있는 탐사자료의 활용이 다양해졌다고 볼 수 있다. 그리고 물리탐사 자료를 포함하여 땅속의 지질학적인 모습을 예측하는 탐사단계에서 석유가 발견될 수 있는 구조적인 지질학적 형상을 추정하는데 뒷받침하는 자료가 많아진다.

먼저 탐사단계에서 석유가 집적할 거로 추측하는 플레이는 오래전 석유가 생성될 시기에 갖추고 있어야 할 조건들에 대한 평가를 기반으로 정의한다. 탄화수소 생성, 이동, 집적, 석유를 담고 있을 수 있는 지하의 지질학적인 구조를 만들어야 하는 시기에 대한 석유시스템적 합리성을 근거로 평가하는 것이다. 잠재구조는 석유시스템의 검증에서 한 단계 더 나아가, 물리탐사 자료 중 하나인 2D 탄성파 자료의 추가적인 검증을 바탕으로 판단한다. 여기에 3D 탄성파 자료는 석유가 부존할 수 있는 땅속의 구조적인 모습을 더 정확히 판별할 수 있는 정보를 제공하고, 이를 통해 확인된 구조는 유망구조로 분류한다.

이러한 하위분류를 통칭하여 예비자원량(Prospective Resources ∋ Play, Lead, Prospect)으로 구분하며, 생산(또는 회수)이 가능할 것으로 추정되는 양임을 내포한다. 다만, 동 분류는 시추를 통해 실제로 발견되지 않은 석유의 부존량을 가리킨다.

석유회사들이 새로운 사업에 진출하거나 탐사사업에 대한 홍보 등의 목적으로 언론을 통해 알려지는 수치들의 일부는 불확실성이 높은 사업단계의 자원량 분류에 속하는 경우가 많다. 이를 잘못 이해하면 땅속 석유의 양에 원유 가격(유가)을 곱하여 자산의 가치라 여겨질 수 있다. 그러므로 부존량의 정확성은 기업의 가치를 평가하기 위한 주요 사업성 지표 중 하나이다. 이러한 대푯값들의 정확한 분류 기준과 범주를 함께 제시하지 않은 수치라면 회사마다 정의하는 값들의 내부 기준이 달라서 각 수치가 의미하는 바가 무엇이라고 단정 짓기 어렵다. 더불어 불확실성이 높은 자원량에 유가를 곱하여 나온 자산 가치는 실현될 가능성이 작다는 것을 이제 인지할 수 있다.

_ 자원량에도 레벨이 있다

보이지 않는 땅속의 석유는 또 다른 이름으로 세분화한다. 탐사 초기 단계를 거치고, 시추를 통해 탄화수소 유무를 확인한 프로젝트의 자원량이 여기에 포함된다. 상업성이 확인되기 전 단계를 이야기하며, 이때 석유의 양은 가능자원량(Contingent Resources)이라 한다. 땅속에 매장되어 있는 석유를 시추하여 확인하였기 때문에 발견 여부에 대한 불확실성은 사라진 단계를 말한다. 매장량이 되기 위해 준비 중인 과정이다. 다만 프로젝트의 상업성이 확보되어 개발 및 투자가 이루어질 수 있는 경제성을 갖지 못한 단계에는 몇 가지 상황을 내포한다. 여기에는 현재의 기술력으로 땅속 석유를 경제적으로 생산할 수 없거나, 기술적 생산 가능량이 경제성을 만족하지 못하는 경우, 승인된 개발계획이 수립되어 있지 않은 경우 등을 가리킨다. 한 가지 예로, 미래 기술력이 개선되어 남극과 북극

해의 추운 여건에서 환경을 파괴하지 않고, 땅속의 석유 자원에 대해 탐사, 개발 및 생산에 이를 수 있다면, 이 지역에 분포하고 있는 석유 자원량의 분류체계를 한 단계 신뢰성 높은 단계로 구분할 수 있다. 다만 현재 시점에서는 극복해야 할 기술적, 경제적 한계들로 인하여 가능자원량에 머무를 수밖에 없다.

가능자원량은 땅속의 석유가 생산 또는 회수될 수 있는 양에 대한 기술적 불확실성이 높아질수록 최소에서 최적, 최대 가능자원량으로 구분한다. 이는 부존된 석유의 회수가능량을 산정하는데 필요한 데이터를 이용하여 추정하는 평가에서 불확실성이 높고 낮은 정도를 의미한다. 개별 정의는 최소(Low=1C=C1), 최적(Best=2C=C1+C2), 최대(High=3C=C1+C2+C3) 회수 가능한 자원량을 지시하며, 최소 가능자원량일수록 보수적으로 추정한 양이다.

석유회사들이 시추 후 언론을 통해 공개 발표하는 자원량에는 기업마다 서로 다른 기준과 목적에 따라 숨어 있는 이야기가 있다. 이는 정확히 표현되어 있지 않은 기사 글만으로 독자가 구분해 낼 수 없는 영역인 셈이다. '지구 밖 화성으로의 여행'과 같이 충분한 기술력이 갖춰진 먼 미래 달성할 수 있는 경제적 가치일 것이고, 세계 일주처럼 실현 가능하지만 시간이 걸리는 경우일 수 있다. 두 가지 경우와 같은 실현 가능성에 대해 구분하는 것이 자원량 분류 단계이다.

_ 매장량이라고 다 똑같지 않다

탐사단계를 거치면서 얻어지는 땅속 석유의 정보들은 부존량에 대한 신뢰도를 높일 수 있는 필수 데이터이다. 이를 취득하는 것은 정확한 참값(True value)에 근접해 가는 과정 중 하나이다. 석유는 지표상에 존재하여 눈으로 직접 볼 수 없어서 실제 매장되어 있는 양에 대한 참값을 알 수 없는 한계가 있다. 하지만 부존할 것으로 판단되는 땅속에 대한 평가단계가 진전될수록 추정치에 대한 정확도는 높아진다.

탐사시추에 의해 발견된 석유를 생산하기 위해 프로젝트 개발 수립과정을 거치며, 상업적으로 투자에 의한 수익을 볼 수 있는 경제성이 확인된 단계의 부존량을 매장량이라 구분한다. 매장량은 자원량과는 다르게 상업성이 확보된 사업단계에 있는 땅속 석유의 회수 가능한 생산량을 명명한다. 석유를 생산하는 데 필요한 설비들의 개발계획이 수립되어 있는 단계이다. 이 시점은 발견된 석유의 종류(성분)에 따라 생산에 필요한 설비들이 다르게 설계되며 설비별로 필요한 성능과 규모, 크기 등을 결정하여 설계되어야 한다. 이러한 개발계획에는 경제성 평가가 함께 수행되어야 하며 산유국 정부와 맺은 광권계약 조건 내에 생산 가능한 석유의 양을 산정한다. 탐사단계에서 가지고 있는 청사진보다는 구체적이고 프로젝트 투자 계획이 명확해진 단계이다.

매장량은 산정 방법에 따라 확인(Proved=P1), 추정(Probable=P2), 가능(Possible=P3) 매장량으로 나누어지며, 각 분류는 최소(Low), 최적(Best), 최대(High) 회수 가능한 생산량을 의미한다. 세분화하여 나누어진 P1, P2, P3는 독립된 수치이며, 확인매장량(P1)은 기술적으로 회수될 확률이 90% 이상인 양을 의미한다. 추정매장량은 50% 확률로 회수가능한 생산량이며 P2로 표기한다. 가능매장량은 10% 확률을 의미하는 P3로 분류한다. P1에서 P3로 갈수록 생산

확률이 낮아지며, 불확실성이 높다는 설명이다. 또한 이러한 표기 분류는 기술적인 정확도와 함께 프로젝트의 수익성에 대해서도 명확해지는 정도를 포함한다.

석유 산업계에서는 P1을 1P로도 부르며, P1과 P2를 합쳐 2P로, P1·P2·P3를 모두 합쳐 3P로 구분하기도 한다. 즉, 1P·2P·3P로 분류하여 산정된 매장량 수치에 대한 신뢰도와 정확성을 단계화하였다. 개발 및 생산단계에 있는 매장량은 기업이나 프로젝트의 자산 가치를 역설한다. 세워진 계획대로 생산설비를 건설하고 생산하여 판매가 개시되면 목표로 한 매장량은 판매 매출 계획으로 잡힐 수 있다.

프로젝트를 대표하는 매장량은 전 세계적으로 합의된 기준이 없어서 회사별로 준용하는 분류 기준을 포함하여 발표한다. 즉, 어떤 회사는 1P를 대푯값으로 발표하기도 하고, 2P를 대푯값으로 공개하기도 한다. 일반적으로 많은 회사는 석유자원관리시스템(PRMS) 기준의 2P를 대푯값으로 사용한다.

어렵지만 매장량 분류체계에 대해 한 단계 더 나아가 보도록 한다. 매장량은 프로젝트나 기업의 가치를 말하기 때문에 분류체계는 더 세분되어 있다. 개발계획이 수립되어 있더라도 본격적인 투자가 이루어지지 않았거나, 생산을 위해 필요한 시설들의 설치가 필요한 단계의 프로젝트들에 대해 구분하기 위함이다. 세부 분류는 확인매장량(1P)뿐 아니라 추정매장량(2P), 가능매장량(3P)이 바로 대상이다.

땅속에서 석유를 생산할 수 있도록 모든 시설물이 설치되어 있어 언제든 생산할 수 있게 연결된 석유의 생산 가능량은 개발생산매장량(Developed producing reserves, DP)으로 분류한다. 생산에 필요한

확인매장량(Proved Reserves, 1P)		
개발생산매장량 (Developed producing reserves, DP)	개발미생산매장량 (Developed non-producing reserves, DNP)	미개발매장량 (Undeveloped reserves, UD)

표 1.2 매장량 세부 분류

주요 시설들이 건설 또는 설치되어 있으나, 실제 생산을 하기 위해서는 추가 작업을 선행해야 하는 프로젝트가 있다. 주요 시설로의 파이프라인 연결 작업 또는 땅속 암석과 생산관에 대한 연결 작업(천공)과 같은 소규모 투자를 실현해야 생산 가능한 석유의 양은 개발미생산매장량(Developed non-producing reserves, DNP)이라 일컫는다. 그리고 석유의 생산을 위해 시추, 주요 생산물 처리시설의 건설 등과 같이 대규모 투자가 실행되어야 하는 단계는 미개발매장량(Undeveloped reserves, UD)으로 구분한다. 즉, 확인매장량(1P) 내 개발생산매장량(DP)에 속한 수치라면 자산 가치를 가장 신뢰성 있게 지시하는 매장량이다. 추정매장량과 가능매장량은 일반적으로 세부 분류를 할 수 있으나 사용하지 않는 추세이다.

_ 매장량은 곧 기업의 자산가치

매장량에 대한 세부 분류는 명확한 이해를 바탕으로 기업이 가지고 있는 지하 천연자원에 대한 가치를 올바르게 평가하기 위함이다. 석유시장에서 미래의 실제 투자 여부에 대해서는 기업의 경영환경뿐만 아니라 국제정세, 산유국과의 관계, 정부의 정책, 기술의 발전 등 다양한 요소들이 작용할 수 있다. 만약 산유국 국가의 내전에 의해 프로젝트가 중단하였고, 이는 단순한 폭동이나 갈등이 아니라 지속될 수 있는 군사적 갈등 상황에까지 도달했다면 매장량이라는 분류체계에서 자원량으로 하향 분류될 수도 있다. 또는 저유가가 지속되면서 기업의 실제적인 투자가 5년 이상 지연된다면 상업성이 없어진 프로젝트로 분류되는 것이 맞다. 매장량이라는 분류체계는 현재의 기술력으로 생산할 수 있는 여부의 기준을 포함한다. 하지만 매출에 직접 영향을 미치는 유가 상황도 매장량 산정에 중요한 요소가 된다. 바다에서 또는 사막 한가운데서 석유를 생산하기 위해서는 많은 운영비(인건비, 생산설비 유지보수비, 전기료, 연료비, 보험료, 사무실 및 자재창고 임차비 등)가 들기 때문에 고정적으로 지출하는 비용이 높을수록 경제적 한계가 높을 수 있다. 생산에 필요한 고정비 지출로 인해 순이익을 낼 수 없는 수준의 낮은 생산량이나 저유가 상황을 경제적 한계점으로 분류하며, 이는 매장량을 평가하는 주요한 기준이다.

1배럴의 석유라도 수반되어 생산하는 불순물(황, 수은, 이산화탄소 등)이 적고 소비자에게 제공하기 위한 정제과정이 쉬우며 고부가가치의 제품 성분이 많이 나오는 유종들은 생산과정에 투자비가 적게 소요된다. 반면, 비전통 원유로 분류하는 셰일오일(Shale oil), 오일샌드(Oil sand), 비튜맨(Bitumen) 등과 같이 생산과정에서 추가적인 작업이나 원유의 성분 품질이 낮은 석유도 있다. 이들은 상대적으로 높은 생산단가로 인해 전통 원유(일반 원유)에 비하여 고유가 상황이 되어야 기업들이 이익을 낼 수 있다. 유가에 따라 프로젝트의 수익성에 직접적인 영향을 미치기 때문에 매장량의 세부 분류는 이러한 경제적 여건이 반영된 현재 자산가치에 대한 수치라고 할 수 있다. 이러한 경영환경, 유가, 생산 및 투자계획 등의 가변성으로 인하여 산유국의 회계기준에 따라 매장량은 매년 재평가하도록 권장한다. 기업이나 국가별로는 객관성 확보를 위해 평가기관으로 인증받은 제3자가 산출한 매장량 자료에 신뢰성을 더 둔다.

자산가치를 나타내는 매장량은 땅속의 석유를 계약기간 내에 연도별로 얼마만큼씩 생산할 수 있는지를 표현하는 생산계획의 총 누적 생산 가능량이다. 이 값을 불확실성의 정도와 경제적, 기술적 성숙도(또는 사업의 진행 정도)에 따라 앞서 언급하였던 여러 가지 분류 체계로 구분하여 표기한다. 하나의 수치가 이렇게 많은 정의를 내포하기 때문에 정확한 분류를 함께 명시해 주어야만 한다. 분류체계를 포함하지 않는 숫자에 대한 언급은 부정확한 정보를 준다. 또한, 불명확한 상황에서 보여주는 용어의 선정은 오해를 불러올 수 있으므로 신중해야 한다. 아래는 몇 가지 예를 보여주는 보도 기사 글의 발췌 자료이다.

"… 7광구는 한국과 일본이 지난 1978년 한일 공동개발구역(JDZ) 협정을 맺고 함께 석유 개발을 추진했다가 1980년대 중반 일본의 일방적 개발 중단으로 지금까지 방치돼 있다. 미국 정책연구소인 우드로윌슨센터에 따르면 7광구 일대에는 천연가스가 사우디아라비아의 10배, 석유는 미국 매장량의 4.5배가 묻혀 있을 것으로 추정된다. 현재 유가(배럴당 70~80달러)로 계산하면 매장 석유의 잠재적 가치만 9000조원에 달한다. …"(조선일보, 2023)

기사에서는 7광구 내 부존할 것으로 추정하는 탄화수소의 양을 사우디아라비아와 미국과 비교 하였다. 하지만 가스의 경우는 수치

석유야 놀자

에 대한 매장량 기준을 밝히지 않았으며, 석유는 미국 매장량의 세부 분류를 기술하지 않았다. 그리고 7광구의 잠재적 가치를 '매장석유'에서 산출하였으나, 탐사가 수행되지 않은 상태를 헤아리면 원시부존량 또는 예비자원량으로 일컫는 게 적합하다.

"… 7광구, 이제 일본으로 넘어가나 … '(그림 제목) 7광구 내 자원 매장량 추정치' … 가치를 가늠하기 위해선 실제 탐사가 이뤄져야 하지만 7광구 탐사와 개발은 1986년 일본이 공동개발에 손을 떼면서 중단된 상태. 단독 탐사는 불가능하다. …"(동아일보, 2023)

여기서는 자원 매장량 추정치라는 수치를 기사화하였다. 그러나 따라오는 내용에서 실제 탐사가 이루어지지 않았다고 진술하였다. 이는 앞서 채택한 범주인 매장량보다는 낮은 평가 성숙도에 따라 원시부존량이나, 예비자원량으로 기재하는 것이 올바르다.

"… 이번엔 중국이 시추를 했습니다. … 당시 중국 과학원이 중국 국토자원부에 보낸 보고서에 탐사 결과에 대한 문구가 나옵니다. '계산된 석유, 가스의 추정 매장량은 약 20억 톤으로 중등규모 이상의 유전이라는 탐사 전망이 나왔다. 고속도로 10km 정도 건설할 자금만 투자하면 분명히 중대한 성과를 얻을 수 있을 것이다.' …"(KBS, 2022)

위 내용은 탐사시추 한 공에 의해 산정된 석유의 양을 표현하면서 추정매장량(2P)으로 분류하였다. 하지만 상업성에 대한 확인과 기술적 평가가 완료되지 못한 탐사단계에서는 발견 여부에 따라 가능 자원량 또는 예비 자원량으로 구분하여야 한다.

"엑손모빌과 카타르 에너지의 콘소시엄이 키프로스 남쪽 연안에서 천연가스 시추작업을 개시했다고 키프로스 에너지부가 21일(현지시간) 발표했다. 이 시추작업은 키프로스의 배타적 경제수역 내의 10구역에서 시작되었다. 이곳은 이 콘소시엄이 "클라우쿠스"로 이름 붙인 천연가스 유전을 발견한 장소이다. 이곳에는 약 5~8조 입방피트의 천연가스 매장량이 있는 것으로 콘소시엄이 예비조사에서 확인했다. …"(뉴시스, 2021)

위 기사글에서 선택한 매장량이라는 용어는 시추작업이 개시되기 전 단계에서 발표한 내용이다. 예비조사를 통해 산정한 규모임을 이해한다면 예비자원량이 적절하다.

금융권이나 외부 전문투자자가 투자의사결정의 근거를 두는 매장량 기준은 확인매장량(1P) 내의 세부 분류 기준안에서 정해지는 게 보편적이다. 프로젝트의 불확실성이 가장 적으며 투자한 비용에 대한 확실한 담보로 여겨질 수 있는 부분이 중요한 판단 요소이기 때문이다. 보수적으로는 확인매장량(1P) 내 개발생산매장량(DP)만을 투자 대상으로 보기도 한다. 그러기 때문에 기업은 매년 투자와 개발을 통해 추가 매장량을 확보하여 높은 숫자의 확인매장량이 적힌 보고서를 내고 싶어 한다. 투자 유치와 함께 프로젝트의 경제성을 높이는 방법이다.

제2장

개발: 땅속 석유를 캐보자

제2장

개발: 땅속 석유를 캐보자

석유회사는 소비자가 사용할 수 있도록 땅속 암석에 있는 석유를 지표까지 끌어 올려야 한다. 생산된 원유는 불순물을 제거하고 정유 정제공장(Refinery)으로 판매하기 위해 생산물 처리시설을 거쳐야 한다. 암석층에서 나오는 석유에는 작은 모래 알갱이(Sand)와 같은 광물들이 함께 생산되기도 하고, 유해화학물질인 황화합물($H2S$), 수은(Hg)이나 이산화탄소(CO_2), 질소(N_2) 등과 같이 석유의 품질을 낮추는 성분이 포함된 경우도 있기 때문이다. 석유의 생성 조건인 온도와 압력에 따라서도 품질과 성상이 다르지만, 생성 후 저장된 저류층 환경과 주변 지층들에 따라서도 다양한 차이를 보인다. 지층에 함께 부존하고 있는 물이 포함되기도 하고, 석유가 땅속에서 지표로 나오면서 변하는 환경(온도와 압력)에 의해 가스를 배출하기도 한다. 그래서 흔히 알고 있는 검은 빛깔 석유의 순도를 높이

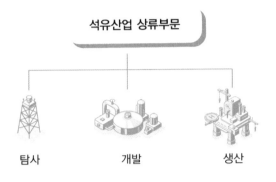

그림 2.1 **석유산업 분류**

고, 석유 제품유(휘발유, 경유 등)를 만드는 정제공장이 원하는 상품성을 만들기 위한 최소한의 생산 현장 설비들이 필요하다.

석유산업은 상류부문(Upstream)과 하류부문(Downstream)으로 나뉜다. 그중 땅속의 석유를 탐사하고 개발하여 생산하는 산업을 상류부문으로 구분한다. 하류부문은 통상적으로 생산된 석유를 현장의 저장시설로부터 구매하여 정제시설로 운송 후 정제과정을 거쳐 소비자가 바로 사용할 수 있도록 제품을 만들고 판매·유통하는 산업분야이다. 울산에 위치한 화학공업단지가 대표적인 하류부문 산업이다.

이 책에서 다루는 석유산업의 주요 이야기는 상류부문에 속한다. 땅속의 석유를 소비자가 자동차에 주입하는 연료처럼 직접 사용하기까지 거치는 과정에서 가장 오랜 시간을 차지하는 부분이다. 상류부문에 속하는 단계를 구분하여 비유하자면 탐사와 개발단계는 농부가 쌀 한 톨을 만들기 위해 봄부터 논에 물을 대고, 모종을 심으며 땀 흘리는 시간이다. 생산단계는 가을이 되어 무르익은 벼를 수확하고 상품성을 평가하여 시장에 팔기 전까지 시간인 셈이다.

생산되는 원유(또는 가스)의 규모는 앞장에서 살펴보았던 매장량 규모에 비례하여 커진다. 개발단계에서는 프로젝트 개발기간 동안 얼마나 많은 양의 석유를 생산할 것인가에 따라 필요한 시설들의 수량, 용량, 종류를 결정한다. 땅속의 석유를 언제, 어떻게, 얼마나, 어디서 생산할지에 대한 정보를 담은 개발계획(Field Development Plan, FDP) 수립은 생산에 필요한 필수 프로세스이다. 다만, 광활한 지하자원이 어디까지 얼마나 많은 양으로 분포하고 있는지에 대해 확실할 수 없다면, 단계별 개발계획이 세워지기도 한다. 이러한 전략은 투자에 대한 리스크를 분산시키고, 석유 부존양에 대한 신뢰도를 높이기 위함이다.

개발계획은 제품을 만들기 위한 설계도면과 유사하다. 석유가 부존하고 있는 지질학적 평가 내용에서부터 시작하여 탐사를 통해 얻은 정보들에 대한 분석과 함께, 석유 생산계획과 필요한 생산설비들의 설명과 프로젝트 일정, 그리고 이에 대한 경제성 평가 결과를 포함하는 등 해당 프로젝트에 포함되는 모든 기밀정보가 담겨 있다. 석유회사들은 자산을 팔 때가 아니면 개발계획에 대한 주요한 정보들을 비밀리에 취급하고 공개하지 않는다. 이는 단순히 정보의 중요성에서도 기인하지만, 해당 정보를 취급하는 기업들 내부의 서로 다른 규정을 통일시키기 위해 이해당사자인 프로젝트 주주사(참여사)와 정부와의 비밀준수 협약 때문이기도 하다.

일부 산유국 정부에서는 개발계획에 들어가는 조건들을 각 나라의 석유법으로 규정하여 관리하고 있다. 예를 들면,

1) 한 개의 생산정(Production Well)은 한 개의 저류층(석유가 집적

되어 있는 지층)에서만 생산해야 한다.

2) 생산 원유에 부산물로 나오는 가스의 대기 중 소각을 제한한다.

3) 일 년 동안에 생산할 수 있는 석유의 양은 부존하고 있는 전체 양의 몇 퍼센트를 넘을 수 없다.

4) 생산정 간의 간격은 몇 미터 이상(또는 이하)이어야 한다

는 등의 자원개발에 대한 통제를 하고 있다. 법규를 통해 간접적으로 석유회사들의 투자를 유도하고, 한정된 자원량을 최고의 기술역량 적용으로 적절하게 조절하며 이익을 극대화하기 위함을 목적으로 한다. 해당 규정을 준수하는 것은 산유국의 승인을 받고 진행하는 상업 활동들에 대한 투자 및 개발 비용 회수의 필수 조건이다. 그리고 자원개발이 가진 엄격한 지침이기도 하다.

이 장에서는 개별 국가별로 상이한 규정을 준수하며 땅속의 석유를 생산하기 위한 개발단계의 석유회사들이 해야 할 일은 무엇이고, 우리가 석유산업을 이해하기 위해 알아두어야 하는 개발 부분에 대하여 풀어보도록 하겠다.

어떻게 개발할까?

유전의 개발을 포함한 생산기간은 산유국 정부와 계약상 일반적으로 20년에서 50년 정도 사이이다. 석유가 매장되어 있는 규모에 따라 짧게는 5년에서 생산이 멈추는 시기를 계약만료 기간으로 설정하는 경우도 있다. 이는 자원이 부존되어 있는 산유국에 따라 다르게 정하고 있는 규정이며, 때로는 협상에 따라 변경될 수도 있다. 매장량이 적으면 계약기간보다 이르게 생산이 종료되고 사업을 철

수하는 때도 있다. 일례로, 아부다비는 매 40년을 주기로 국영석유회사(ADNOC)가 보유하고 있는 주요 생산유전의 60% 지분을 제외한 40% 지분에 대한 재입찰을 거쳐 참여사를 결정한다. 그 결과 2015년 진행한 입찰에서 낙찰사는 2055년까지 조광계약(Concession)에 의해 개발 및 생산에 대한 참여 지분만큼의 권한을 소유한다. 사례가 다양하다 보니 자원을 보유한 국가별로 준용하는 계약서 내용에 대해 세심한 검토를 통한 사업진출이 요구되는 부분이다.

개발에 앞서 산유국 정부와 체결하는 계약의 종류에는 크게 3가지 중 하나이다. 대표적으로 해당 국가 지하자원(석유 또는 가스)의 개발 및 생산과 관련하여 맺는 조광계약, 생산물분배계약, 서비스계약이 있다. 국가별로 체결하는 계약 종류는 산유국 마다 이익이 되는 계약구조를 기본 형식으로 채택하여 사용하고 있다. 따라서 해당 국가에서 석유산업을 영위하기 위해서는 각 국가에서 채택하는 형식을 따라야 한다.

조광계약(Concession)은 석유회사에 개발과 생산에 대한 권한을 위임하고, 그에 상응하는 조건으로 수익에 일정 로얄티(Royalty)와 세금(Tax)을 부과하는 형태이다. 산유국 정부의 간섭이 제한적이고 석유회사의 권한과 역할이 자유롭다. 생산물분배계약(Production Sharing Contract, PSC)은 개발계획에 의해 생산하는 원유를 정부와 석유회사 간에 분배하여 수익을 나누는 구조이기 때문에 의사결정에 있어서 정부의 참여와 간섭이 생길 수 있는 계약이다. 마지막으로 서비스계약(Service Contract)은 유전의 개발과 생산에 대한 기술력을 제공 받으며 해당 서비스에 대한 용역료를 지급하는 구조이다. 따라서 석유회사(또는 용역사)의 권한이 한정적일 수밖에 없다.

한 걸음 더 나아가 보면, 각각의 계약구조 형태는 땅속의 천연자원을 생산하여 생기는 수익을 어떤 형태(로얄티, 생산 원유, 용역료)로 나누고, 자원의 주인인 산유국이 얼마나 관여하냐가 주요 차이점이다. 하지만 계약형태 외 각국에서 규정하고 있는 석유법으로 인해 어떤 형태의 계약으로 진행이 되더라도 정부의 개입과 관리가 있을 수밖에 없다는 한계가 있다. 한국은 조광계약 형태를 채택하여 사용한다. 이러한 석유개발 계약은 근본적으로 '땅속의 지하자원은 국가에 종속되어 있다'에서 출발한다. 석유자원은 땅 주인이나 소유한 회사가 아니라 모두 국가의 자산으로 규정하기 때문에 산유국 정부와 계약을 체결한다.

개발을 위해서는 산유국의 석유법 내 규정, 요구사항, 제한조건과 함께 절차를 따라야 하며, 지하에서 생산한 원유를 처리할 수 있는 기본적인 시설들을 갖추어야 한다. 생산을 위한 시설물들은 유전(Oil Field)이 육상이냐 해상에 위치해 있느냐에 따라 다양한 개발 시나리오들이 세워질 수 있다. 그리고 투자비 규모 범위도 생산 환경에 의해 커질 수 있다. 서울에서 울산까지 갈 수 있는 교통수단으로 KTX를 택할지 비행기를 택할지 선택하는 수준의 경제성 검토 이상이 필요하다.

_ 해상이냐? 육상이냐?

'발견된 유망구조가 육상 땅속에 있다면 개발하기에 얼마나 편할까?'라는 질문은 조금 더 구체화 되어야 한다. 육상이라도 사막, 늪지대, 열대우림, 겨울이 되면 지표면이 어는 동토 지역 등 생산설비들을 위한 토목공사를 하기에 다양한 자연환경들이 있다. 그리고 이러한 환경 조건에 따라 개발에 투자되는 비용 차이가 크다. 여기서 비용은 소요되는 시간과 노동력을 포함한다. 개발지역이 험지로 갈수록 미국 텍사스 주 내륙에 위치한 유망구조들을 시추하는 것보다는 고려해야 할 제반 사항들이 많다. 하지만 가장 큰 차이를 보이는 것은 해상이냐 육상이냐에 따른 작업환경이다. 육상과 다르게 해상에서 발견한 유망구조를 개발하기 위해서는 해저면에 고정되어 해수면 위 높이까지 올라오는 플랫폼 설치(수심에 따라 다른 시설물이 될 수 있으나, 여기서는 심해 조건을 제외한다)가 필요하다. 물론 수심이 깊어지면 플랫폼 제작 및 설치가 어렵다. 이 경우에는 해상에 떠서 원유를 생산하고 처리 및 저장할 수 있는 부유식 생산−저장−하역선박(Floating Production, Storage and Offloading, FPSO)을 이용한다. FPSO는 국내 동해상에서 종종 볼 수 있는 유조선 규모(원유 20~30만 배럴 규모를 수송하는 배)보다 큰 규모의 선박(일반적으로 원유 100만 배럴 규모 저장)이다. 하지만 최근 기술의 발전으로 플랫폼이 설치될 수 있는 최대 깊이라는 경계(약 350 피트)도 확대되면서 제작 및 설치, 그리고 운영에 들어가는 총비용을 고려한 경제성에 따라 시설물을 선택하곤 한다.

육상에서 생산을 위한 개발은 해상환경에 비하여 장비의 이동성, 유전으로의 접근성이 우수하다. 그리고 전기 공급, 연료 보급, 생산설비 선택의 제약조건이 적고, 현장 설치 공간의 유연성으로 규격과 규모에 대한 제한이 적다. 앞서 이야기한 대로, 육상 중 어디냐에 따라 일부 다를 수는 있지만, 해상의 습도, 염분, 파고와 바람, 태풍 등에 의한 환경적 어려움은 낮다. 육로를 따라 이동할 수 있는 조건은 개발에 필요한 시간과 비용을 많이 절약해 주는 요소이다.

땅속의 석유를 생산하고 저장 및 이송(판매)하기 위한 생산설비 및 방법들은 석유 현장이 어디에 있느냐에 따라 다양한 선택을 할 수 있다. 이를 개발 개념이라 일컫는다. 육지와 수십 킬로미터 내에 위치한 해상 유전이라면 파이프라인을 통해 생산된 원유 또는 가스를 송출하고, 육상에 시설물들을 건설하여 처리 및 저장, 판매할 수 있다. 해안선에서 멀리 떨어져 있는 현장이라면 부유식 생산−저장−하역선박(FPSO)을 통해 생산한 원유를 유조선으로 직접 판매(하역)할 수 있다. 반대로 현장이 육상에 있다면 탱크 트럭(Tank Lorry)으로 생산한 원유를 정제회사(구매처)로 운송하여 판매할 수도 있고, 파이프라인을 연결하여 저장탱크에 보관할 수도 있다. 이처럼 다양한 현장 조건들에 따라 석유개발을 위한 개념설계에는 여러 가지 시나리오들을 검토한다.

해상환경이든 육상환경이든 지하 저류층에서 생산하는 원유에 포함된 불순물들을 제거하고, 원유와 가스를 분리하는 데 필요한 프로세스는 유사하다. 석유가 부존되어 있던 지층(저류층)에서 생산하는 유체에는 일반적으로 원유, 물, 가스가 혼합되어 나온다. 이런 생산물은 유체 성분이 갖는 특성 차이를 이용하여 다상유체 분리기(Multi Phase 또는 3−Phase Separator)를 통해 상품성이 있는 원유와 가스로 분리한다. 조금 자세히 들여다보면, 생산정을 통해 땅 위로 올라온 혼합 유체의 분리를 촉진하는 프로세스가 필요하고, 이때 열을 가해 주는 가열시스템(Production Heater)을 거친다. 가열된 유체는 고온·고압 상태에서 압력을 낮추는 1기 또는 3기의 분리기(High Pressure − Intermediate Pressure − Low Pressure Separator)를 거쳐 원유, 물, 가스를 분리한다. 분리된 가스는 추가적인 프로세스를 거쳐 불순물(수분, 황, 수은 등)을 한 번 더 제거하는 작업을 거친다. 분리기의 마지막 단계인 저압 조건에서 분리한 가스는 현장의 이송(판매) 방법에 따라 고압 조건으로 다시 만들어 줄 수 있는 가압기(Compressor)를 지난다. 계약된 지점까지 도달할 수 있도록 가압한 가스는 파이프라인을 따라 송출하게 된다. 석유 생산 현장 시설물들의 역할을 간단히 설명하면 이와 같다. 정유공장에서 구매한 원유가 정제과정을 거쳐 소비자들이 직접 사용할 수 있도록 제품군(휘발유, 경유 등)으로 정제하는 화학 공정과는 다소 차이가 있다.

유전의 개발 및 생산 계약기간 동안 땅속에서 생산하는 원유를 처리하는 생산시설들은 일일 또는 연간 생산량, 땅속 유체의 온도 및 압력, 유체의 특성, 그리고 개발 개념들을 통합적으로 고려하여 설계한다. 요구되는 조건에 맞도록 개별 시설물들의 용량, 내구성에 맞는 장비들을 선정하고, 전체 생산물 처리 프로세스들을 컴퓨팅시스템(시뮬레이션)으로 알맞게 설계하였는지 디자인하고 검증하며 개발계획을 수립한다.

_ 산유국 정부의 요구사항

지층에서 나오는 생산물 중 상품성이 없는 물이나 소량의 가스는 판매하지 못한다. 물론 그러하더라도 바다나 강, 산, 사막에 임의로 배출하거나 매립 또는 소각해 버릴 수 없다. 환경 보전 필요성에 대한 인식이 확대되어 가면서 산유국들이 관련 법규나 규제를 강화해 나가고 있다. 일부 국가에서는 소량의 가스도 대기 중으로 배출하지 못하도록 강력히 규제하거나 사전에 정부의 승인을 받은 양만 일부 허용한다. 원유가 지표로 생산되면서 땅속의 고압에서 낮아지는 압력에 의해 분리되어 나오는 가스의 경우, 온실가스(Greenhouse Gas, GHG)로 분류되어 환경규제 대상이다. 적은 양의 원유를 생산하는 유전도 예외는 아니다. 따라서 모든 유체가 대기에 노출되지 않도록 제어하는 설비(Closed System) 설치가 필수적이다. 특히 탄소중립(Net Zero) 시대로 접어들며 석유산업계에 적극적으로 기후변화에 대응해야 한다는 요구의 목소리가 커지고 있다. 생산 현장에서는 탄소 감축을 목표로 배출하는 탄소 배출량에 대한 측정과 이를 기록하려는 움직임이 있다. 탄소중립 정책은 앞으로 개발에 대한 추가적인 고려사항이 될 것이다.

주제를 좀 더 깊게 들여다보자면, 석유의 사용은 탄소의 발생과 직접적이다. 석유회사들은 제로－탄소 제품을 구매하려는 국가와 기업, 더 나아가 개인들의 노력에 맞추기 위해 판매하는 원유에서 발생(온실가스 배출 기준 Scope 3에 해당하며, 이는 물류, 제품사용 등으로 인한 간접 배출을 의미한다)하게 되는 탄소 배출량만큼을 감축하여 판매하려고 준비하고 있다. 이러한 방안의 하나로 석유회사들이 기후변화 대응을 위한 해결책으로써 땅속 안전한 지층에 CO_2를 재매립하는 CCUS(Carbon Capture, Utilization & Storage) 사업에 뛰어들고 있기도 하다. 미국과 유럽연합들의 나라에서는 이미 다양한 프로젝트를 진행하며 CCUS 분야의 기술을 선도하고 있다.

석유와 함께 생산되는 물(지층수)은 산유국들의 오염수 배출기준 농도 이하가 될 수 있도록 하는 처리시설이 필요하다. 물에 포함되어 분리되지 못한 소량의 원유가 대표적인 오염원이며 관리 대상이다. 처리된 물을 방출할 수 있지 못하는 육상에서는 유정을 시추하여 물을 땅속으로 재주입하여 처리(Disposal)할 수도 있다. 재주입

(Water Injection 또는 Water Flooding)하는 물은 필요에 따라 석유의 생산량을 높이기 위해 전략적으로 사용하기도 한다. 이 부분은 4장에서 자세히 알아보겠다.

운영사는 배출되는 물과 소각하는 가스뿐만 아니라, 석유가 부존하고 있는 지역의 환경에 대해 개발사업이 어떠한 영향을 미칠 수 있는지에 대한 분석이 필요하다. 또한 자연을 파괴하거나 복구할 수 없는 행위에 대한 사전 조사 및 대응책 마련이 필수이다. 이러한 과정을 환경영향평가(Environmental Impact Assessment, EIA)라 부르며, 대부분의 개발 행위는 자연환경에 미치는 영향도를 평가하여 정부의 승인을 받아야 한다. 자연보호를 위해 모든 국가가 채택하고 있는 대책 방법이다. 이 평가단계는 생산시설물이 건설되는 지역에 사는 보호종(동물, 어류, 식물)과 자연환경 및 녹지대 보호, 지하수 오염 요인 제거, 원주민 생활 보호 등 개발 지역과 국가별로 규정하고 있는 가이드라인에 대한 조사가 이루어져야 한다. 조사와 함께 환경에 영향을 미치지 않는다는 것을 명확히 하여야 한다. 또한 생산하는 전 주기에 걸쳐 발생하게 되는 산업용 쓰레기들의 처리 방안 및 발생할 수 있는 사고로 인한 피해 방지대책을 포함해야 한다.

모든 석유 생산이 끝나거나 산유국 정부와의 계약기간이 종료되면 개발하기 이전의 생태환경 모습으로 되돌려 놓아야 하는 일(복구, Decommissioning)도 석유회사가 책임지어야 하는 조건이다. 생산설비들을 제거하고 개발 이전의 모습과 유사하게 개발지역의 복구 작업 계획도 사전에 수립해야 한다. 모든 작업은 소요 비용과 연계되기 때문에 오래된 석유사업을 인수하거나 투자할 때 고려해야 하는

그림 2.2 생산현장 직원들의 숙소

사항이기도 하다. 그렇지 못했다면 석유개발로 인해 무분별한 자연
파괴작업이 환경단체들에 의해 소송에 휘말릴 수 있다.

_ 무엇이 필요한가?

오지의 땅 위에서 또는 망망대해의 해상 위에서 석유를 생산하기
위해서는 앞에서 언급한 생산시설물들과 현장 설비를 운영, 유지보
수 및 관리하는 인력이 상주할 수 있는 숙소 및 사무시설이 설치되
어야 한다. 그리고 시설물이 가동될 수 있도록 전기를 제공할 수 있
는 전력장치, 화재를 진압할 수 있는 소화시설, 인력과 장비가 이동
할 수 있는 운반선 등이 필요하다. 하지만 그에 앞서 지하의 석유를
생산할 수 있는 생산정(Production Well)이 몇 공이나 필요로 하는

석유야 놀자

지와 연도별, 월별, 일자별 원유 생산계획(Production Profile)을 수립해야 한다. 생산계획은 석유가 매장되어 있는 부존량에 영향을 주로 받으며 많은 양의 석유를 빠르게 많이 생산하기 위해서는 여러 공의 생산정을 시추해야 한다. 생산정들은 개별 파이프라인에 연결하여 하나의 생산관을 따라 포집(Production Manifold)하고, 다시 통합된 생산물은 하나의 파이프라인을 따라 중앙처리시설(Central Processing Process)로 향하게 된다. 따라서 각 설비들의 필요 용량을 선택할 수 있도록 땅속의 석유를 매장하고 있는 저류층에 대한 평가를 선행해야 한다.

석유개발 분야에 있어 저류층 평가는 가장 주요한 의사결정과 함께 전체적인 계획을 수립하는 과정이다. 석유가 부존된 지층 암상의 물성과 분포도, 규모에 대한 분석과 매장되어 있는 유체(석유, 물, 가스)의 특성에 따라서 얼마나 많은 생산정이 일정 간격(Well Spacing)을 두고 시추해야 하는지를 결정하게 하는 기초자료이기 때문이다. 일반적으로 시추는 백 미터에서 수 킬로미터 간격까지도 지하의 지층 특성에 따라 필요한 생산정 수에 차이를 보인다. 생산정 한 공을 시추하기 위해서는 현장 환경과 저류층 깊이에 따라 많게는 4천만 달러(약 520억 원) 이상까지 비용을 투자해야 한다. 시추비(Drilling Cost)는 전체 개발 프로젝트에 많게는 약 50% 이상의 투자비 부분을 차지하는 경우도 있으니 중요하지 않을 수가 없다.

저류층의 석유를 생산하는 데 필요한 적정 유정의 수(여기서는 일반적으로 원유는 땅속 부존량의 30%를 생산할 수 있는 조건이고, 가스는 70%를 계약기간 내에 생산할 수 있는 조건으로 하겠다)가 결정되면 생산계약 기간에 가장 높은 수익률을 낼 수 있는 생산계획을 마련한다.

초기에 높은 생산량으로 투자비에 대한 회수를 앞당길 것인지, 장기적으로 일정한 생산량(Plateau Rate)을 통해 프로젝트의 지속적인 이익을 줄 수 있는 계획을 적용할지는 석유회사들만의 투자 전략에 따라 다를 수 있다. 동일한 유전이라도 다른 석유회사가 운영한다면 여러 가지의 개발시나리오들이 나올 수 있고, 같은 회사에서도 다양한 방법들에 대해 검토하여 최종결정에 이른다. 이는 석유개발이 오랜 시간을 투자해야 하고 복잡해지는 이유 중 한 가지에 속한다.

구체화를 위한 세부검토

탐사사업을 진행하고 있는 석유회사는 땅속에 매장되어 있을 것으로 판단하는 석유에 대한 탐사작업이 완료되면 개발·생산단계로의 진입 여부를 결정해야 한다. 탐사 활동을 통해 취득한 데이터들을 근거로 석유의 부존 유무를 확인하고, 사업성이 있는지에 대한 평가를 통해 탐사단계를 종료하고 다음 단계로 진출하는 과정이다. 만약 석유의 부존 유무가 불확실하거나 사업성이 낮은 프로젝트라면 탐사종료와 함께 사업을 종료할 수도 있다. 경제성이 있을 것으로 예비 사업성 평가 단계에서 판단하였다면 구체적인 개발계획에 대한 수립을 추진한다.

석유를 찾은 후 생산시설물 건설을 완공할 때까지 걸리는 시간은 수년 정도 소요된다. 대규모 프로젝트일수록 개발 기간이 길다. 같은 설계도면이 있어서 쌍둥이 빌딩을 짓듯이 건설한다면 자재구매 시간과 건축에 소요하는 시간만 필요할 수 있다. 하지만 석유산업에서 쌍둥이 빌딩과 같이 동일한 구조의 내구성을 지닌 건축물을 복사해 놓을 수는 없다. 지하에 생성된 석유의 특성이 다르고, 깊이와 규모가 다르기 때문이다. 수 킬로미터 내에 가까운 땅속 구조에 있어도 인근 유전에서 생산하고 있는 원유의 성상과 다를 수 있다. 이는 지층에서 다양한 구조운동을 받으면서 생성된 단층(지각운동에 의해 어긋난 지층)을 경계로 상부층과 하부층이 깊이에 따라 서로 다른 온도와 압력 조건을 갖게 되는 것도 원인 중 하나이다.

개발을 위한 세부적인 계획들은 폭넓은 과업 범위를 포함한다. 앞장에서 소개한 바와 같이 석유가 부존하고 있는 지층에 대한 이해도에서부터 시작하여 연도별 생산계획 및 방법, 필요한 생산시설물과 유지보수, 프로젝트의 접근 전략에서 경제성 평가 결과까지 전반적인 내용을 담고 있다. 석유탐사에서 얻어지는 모든 자료가 개발계획 수립을 위한 기초자료가 되는 것이며, 탄성파자료, 시추결과, 생산시험, 매장량 산정 값 등이 모두 얻어져야 개발에 필요한 자료들이 갖추어진 셈이다. 따라서 지하에 매장되어 있는 석유에 대해 충분한 정보를 취득한 후에야 대규모 개발 투자를 위한 계획을 수립할 수 있다. 이러한 개발계획 수립은 곧 구체화를 위한 세부적인 검토 단계이다.

산유국 규정에 따라 세부적인 계획에 들어가기 전 개략개발계획(Outline Development Plan, ODP)을 먼저 승인받아야 하는 경우도 있다. 이는 탐사 또는 평가가 진행되는 단계(때로는 마무리 시기)에서 거치는 사전 허가 절차로 여겨진다. 한 예로 루크 오일(Lukoil) 회사는 이라크 에리두 유전(Eridu field)에서 2012년부터 진행한 탐사작업을 통해 발견한 유전의 개략개발계획 허가까지 11년이나 소요했다. 석유 129억 배럴의 초대형(Giant) 유전을 찾고 개발단계 진입을 준비하는 데 걸리는 시간이 짧지 않았다.

_ 우리도 개발한다.

생산하기 위해서는 산유국 정부의 승인을 얻어야 하고, 승인을 얻기 위해서는 생산하기 위한 계획을 제출해야 한다. 이것을 개발계획(Field Development Plan, FDP)이라 부르며, 최종적인 투자에 앞서 산유국 정부에서 프로젝트의 수익성 확인과 자국의 산업발전과 경제에 공헌할 수 있는 방안을 최종 승인하는 단계이다. 정부로부터 승인받은 개발계획에 대한 투자비는 생산을 개시하면서 원유 판매(매출)를 통해 얻어지는 수익을 통해 회수할 수 있다. 프로젝트 계약마다 차이가 있지만 지하자원에 대한 수익을 산유국과 분배하기 이전 단계에 개발 투자비를 석유회사가 우선 회수할 수 있다. 하지만 승인받은 계획서상에 포함되어 있지 않은 투자 항목이라면 추가 승인을 요구하여야만 비용 회수가 가능하다. 산유국 정부는 개발계획에 따라 프로젝트를 추진하고 있는지 살피기 위해 주기적으로 자국에서 석유개발을 하는 회사들에 대해 기술감사 및 회계감사를 수행한다. 석유법, (광권)계약서 및 사전 승인받지 않은 활동 유무들에 대해서 감시할 권한을 가지고 있다. 그래서 개발과정에 발생할 수 있는 추가 개발 및 투자에 대한 경우의 수를 세부적으로 검토하여 계획하는 작업이 포함되도록 섬세하게 이루어져야 한다.

개발계획은 한 프로젝트에 참여하고 있는 회사들이 모두 합의하여야 하는 사항이다. 합의된 계획은 산유국 정부에 제출하고, 심의 기간을 거쳐 최종 투자 항목 및 비용에 대하여 승인된다. 우크라이나 침공('22.2월)으로 인해 유럽의 가스 공급 불안 및 가격 급등에 대한 대안으로 영국에서는 2005년도에 발견하였던 최대 규모의 가스전(Jackdaw) 개발에 대해 이례적으로 최종 규제 승인을 신속하게 처리하였다. 그리고 운영사는 같은 해에 최종투자계획서 작성을 완료('22.6월)하였다. 막대한 자금이 투입되는 사업이지만 자국의 에너지 정책과 맞는다면 발견된 석유나 가스의 개발 프로젝트가 빠르게 처리되는 걸 알 수 있다. 북해에 위치한 Jackdaw 가스전은 2025년에 생산을 개시할 예정(2023년 기준)이다. 정부의 최종 승인 후 3년에 걸친 개발작업이 소요하는 것을 추정해 볼 수 있다.

운영사가 정부의 승인을 얻었다면 실질적인 생산설비 건설을 위한 후속 작업을 수행한다. 여기서는 개발계획에 따르는 건설을 위해 엔지니어링·조달·건설·설치(Engineering, Procurement, Construction

그림 2.3 현장의 원유 저장 탱크와 생산시설물

and Installation, EPCI) 단계를 진행한다. EPCI라는 약어로 통칭하며, 개발계획 수립 시 설계한 설비들을 최종적으로 확인하고, 설계 디자인에 맞게 구매 및 조달에서부터 석유를 생산하는 유전 위치에 설치까지 수행하는 작업이다. 개발단계에서는 생산 현장에 설치하는 주요 구조물 또는 시설물의 제작이 프로젝트 일정을 결정한다. 심도가 낮은 해상에서는 플랫폼 건조, 심도가 깊은 해상에서는 생산 – 저장 – 하역선박(FPSO)의 건조 일정이 핵심 항목이 될 것이다.

생산한 원유나 가스를 육상의 처리시설 또는 판매처까지 수십 킬로미터 이상 길이의 파이프라인으로 이송해야 한다면 파이프라인 건설이 프로젝트 일정을 결정짓는 주요한 요소가 된다. 러시아에서 독일로 연결하는 노르트 스트림 2(Nord Stream 2)는 1,225 킬로미터의 초대형 가스관으로써, 2018년 9월에 착공하여 2021년 9월에 완공되기까지 건설에 만 약 3년이라는 기간이 소요되었다. 반대로 육상 수백 미터의 낮은 깊이에 집적되어 있는 석유를 생산해야 하는 개발이라면 탱크 트럭을 이용하여 2년 내 개발단계를 거쳐 생산단계에 도달할 수 있기도 하다.

석유회사는 지하에 매장되어 있는 석유의 불확실성이 높고, 투자해야 할 자금 규모가 크다면 단계별 개발을 추진기도 한다. 1단계, 2단계, 3단계 등으로 투자 규모를 나누어 석유부존이 확실시되는 지역을 대상으로 전체 유전개발(Full Field Development)에 우선하여 소규모 생산계획을 수립한다. 일반적으로 1단계 개발의 주된 목적은 초기 원유 생산으로 땅속의 정보를 추가 확인하는 것이다. 기술적으로 경제성 있게 생산할 수 있는 석유의 매장량 산정 시 불확실한 정보들을 제거하기 위함이다. 앞장에서 살펴보았던 생산시험을 장기간 진행하는 방법(Long Term Production)으로 프로젝트를 진행하기도 한다. 2단계 또는 3단계 개발에서는 1단계보다 확장하여 석유가 부존하는 것으로 확인된 지역을 넘어 외곽 지역이나 다른 지층에 대한 평가와 함께 단계별 불확실성을 제거하는 사업적 추진전략을 취한다.

이처럼 FDP(개발계획)는 개별 프로젝트의 사업 평가에 따라 다양한 시나리오들을 포함하여 수립한다. 추후 사업이 진행되면서 개발 및 생산단계에서 얻어지는 추가적인 데이터에 의해서 변경될 수도 있고, 수정본이 재승인 될 수도 있다. 땅속의 석유가 부존하고 있는 지층을 개발하여 최대한 많은 양의 석유를 회수하고 판매하기 위한 과정이다.

투자자를 유치해 보자

석유개발 프로젝트는 하나의 회사가 단독으로 추진하는 경우가 드물다. 공동운영회사(Joint Operating Company)를 설립하거나 투자 지분을 모집하여 사업을 수행하는 경우가 일반적이다. 산유국 정부에 소속된 국영석유회사라 할지라도 파트너 회사와 함께 진출하려는 성향이 높다. 이는 탐사에 투자하는 비용이 많이 들고, 탐사정의 실패 확률이 높은 이유로 리스크를 분산하려는 목적과 함께 기술력이 우수한 파트너사와 공동 운영을 통해 개발 및 운영 분야의 높은 효율성과 수익성을 추구하기 위함이다. 동일한 프로젝트를 두고 참여하는 석유회사들이지만 개별 참여사들이 생각하는 수익성은 다소 차이를 보일 수 있다. 회사별로 프로젝트를 평가하는 기준, 방법과 가정사항들이 다르기 때문이다. 또는 지하에 매장되어 있는 자원에 대해 다른 개발계획을 생각하고 있기도 하다.

막대한 자본을 투자해야 하는 석유산업에서 자금조달을 위해서는 프로젝트의 경제성을 평가해야 한다. 수익성 사업임을 증명하여 자금 조달처로부터 투자금을 유치하기 위함이다. 경제성을 평가하는 방법 중 미래의 현금흐름방법(Cash Flow Method)은 일반적으로 채택하는 평가 방법이다. 매출액, 개발비(Capital Expenditure, CAPEX), 운영비(Operating Expenditure, OPEX), 그리고 세금의 투자 연도별 자금 유동 계획을 산정하여 프로젝트의 가치를 평가하는 기법이다. 여기서 현금흐름에 포함되는 요소들은 개발 및 생산계획에 따르는 미래 현금의 유입과 유출이며, 연도별로 프로젝트의 전주기를 포함하는 현금흐름 모델을 수립한다.

순현금흐름(Net Cash Flow)은 연도별 해당하는 매출액(현금 유입)에서 비용과 세금 등(현금 유출)을 제외한 차이며, 현금흐름을 보여주는 경제성 평가 자료이다. 프로젝트 추진을 위한 의사결정에 기초자료로 활용된다. 이 방법은 초기에 투자하는 자금 규모와 수익이 발생하여 투자금을 회수할 수 있는 시기(Payback Period), 최대 투자금 지출 연도, 프로젝트가 적자로 전환되는 시기 등에 대한 정보를 쉽게 알아볼 수 있는 평가 방법이다.

프로젝트 전주기의 현금흐름 모델을 살펴보게 되면 탐사단계에서 소요되는 탐사비, 초기의 생산시설 건설에 필요한 개발비, 생산 종료 시점에 유전을 개발 이전의 모습으로 복구시키는 데 필요한 복귀 비용이 투입되는 시점들이 일반적으로 마이너스(-) 흐름을 보이는 시기이다. 운영회사에서 자금조달이 필요한 시점이다. 이러

석유야 놀자

한 시기에 투자자 유치를 위해 제공해야 하는 중요한 정보 중 하나는 현금흐름의 근거가 되는 매장량 보고서이다. 석유회사(기업)의 가치를 나타내주는 직접적인 데이터이다. 그리고 투자자 모집을 위한 로드쇼(Road Show)에서 제공하는 기본적인 정보이다. 유가증권에 상장된 회사라면 매장량 보고서는 회계감사를 위해 반드시 제출해야 하는 필수 자료이기도 하다.

석유회사는 현금흐름 모델에서 순현금흐름 값으로 얻을 수 있는 순현재가치(Net Present Value, NPV), 내부수익률(Internal Rate of Return, IRR) 등의 경제성 지푯값을 투자기준으로 활용한다. 순현가로도 불리는 NPV는 미래의 연도별 현금 흐름을 현재의 가치로 재산정하여 합산하는 값으로 프로젝트가 낼 수 있는 총 수익을 가리킨다. 내부수익률은 현금 흐름의 순현가가 '0'이 되는 할인율을 표현하며, 투자금을 통해 얻을 수 있는 수익률로 받아들여지기도 한다. 순현가와 내부수익률은 투자에 주로 참고 되는 지표이다. 이와 더불어 투자비 회수 기간, 최대 투자비 대비 수익 등의 부가적인 경제성 지표들이 기업의 내부 투자기준에 맞추어 채택하기도 한다. 프로젝트의 경제성을 좌우하는 민감한 외부 요소로는 단연코 유가가 될 것이며, 고유가 시대와 저유가 시대를 맞이할 때 투자자들이 취하는 전략도 다양하게 전개된다. 간략히 살펴보면, 고유가 시대에는 생산량을 높이기 위한 투자가 이루어지며, 저유가 시대에는 생산 효율성을 위한 투자가 주된 목적이다. 석유산업에서 가장 큰 외부요인인 유가로 인하여 투자자 유치에도 호황기와 불황기가 나뉘는 이유이기도 하다.

발견되는 석유의 규모에 따라 자원량 5억 배럴 이상의 자이언트(Giant)급으로 표현되는 프로젝트가 있다. 한편으로는 1천만 배럴 이하로 상업적인 한계 수익에 가까운 소규모의 유망구조도 있다. 발견자원량의 규모가 작은 소규모 프로젝트는 경제성이 유가에 치명적인 영향을 받는다. 일례로, 원유 1배럴당 50불 이하의 유가에서 상업성을 보지 못하던 프로젝트들이 고유가로 접어들며 개발계획이 승인되기도 하는 것은 땅속에 매장되어 있는 석유의 규모가 작기 때문이다. 반면 충분히 많은 양의 석유 자원이 매장되어 있다면, 개발 투자비 대비하여 원유 판매에서 얻을 수 있는 매출이 크기 때문에 프로젝트 진행 여부가 유가에 큰 영향을 받지 않는다.

석유산업에서 유가라 하면 단순히 생산하는 원유를 판매할 때 판매가격 이상의 의미가 있다. 첫 번째 이유로, 유가가 오르면 석유개발 산업의 경기 부흥이 시작된다. 많은 투자자가 몰리고, 생산량을 높이기 위해 관련 작업 물량이 늘어난다. 땅속 석유를 찾는 시추기의 일일 용선료를 비롯하여, 관련 장비, 설비, 제품가격, 인건비 등이 동반 상승하게 되는 것이다. 생산시설물들의 운영을 위해 소모되는 운영 비용들도 상승하는 항목 중 하나이다. 1배럴의 석유를 땅속에서 생산해 내기 위해 투자되는 투자비(Lifting Cost)의 상승을 초래하는 것이다.

두 번째로, 고유가 상황에서 석유자원을 무기화하려는 움직임이 발생한다. 전 세계적으로 에너지원의 다양성이 부족하다 보니, 석유에 높은 의존률을 가지고 있는 세계 경제에서 자원을 무기화함으로써 이익을 얻으려 하는 다툼이 일어난다. 오랜 역사에서처럼, 중동에서, 미국에서, 사우디에서, 러시아에서도 자원을 무기화하는 모습을 볼 수 있었다. 이에 따라 자원안보에 대한 국내의 움직임도 발빠르게 움직이지만, 자원빈국들은 고유가로 인하여 원자재 가격 상승과 함께 경제적 어려움을 겪게 되곤 한다.

세 번째로, 높은 유가에 대응하여 신재생에너지에 대한 투자도 늘어나는 효과를 본다. 기후변화에 대응하려는 목적도 있지만, 천연자원의 대체 에너지원에 대한 기술 발전을 통해 비싼 석유에 대한 의존도를 낮추려는 노력이다. 기존의 석유 에너지원으로 하는 기기들의 효율을 높이는 기술 발전도 한몫하고 있다. 실생활에서는 자동차 엔진이 다운사이징 되어 연비가 높아지는 것도 하나의 예로 볼 수 있다. 이처럼 유가가 미치는 파장은 단순히 단일 프로젝트의 경제성만을 좌우하지 않고, 그 이상의 세계 경제에 높은 영향력을 미치고 있다.

가스전의 개발 투자는 원유와는 다르게 개발단계에서 판매처를 찾고, 판매물량과 판매가격에 대하여 사전에 합의해야 한다는 차이점이 있다. 액체 상태의 원유는 저장과 수송에 대한 편리성과 안정성으로 인하여 다양한 구매처를 쉽게 확보할 수 있다. 하지만 가스를 안전하게 운반하기 위해서는 파이프라인과 발전소와 같이 구매처로 수송할 수 있는 인프라시설을 갖추거나 설치해야만 생산을 개시할 수 있다. 이는 가스의 특성상 저온·고압의 저장시설이 필요하기 때문이다. 그리고 대용량의 가스를 생산 후 판매 전 단계에 저장해 놓을 수 있는 시설을 생산 현장에 건설하기에는 경제성이 낮아지기 때문이다. 대규모의 가스전이라면 액화천연가스(Liquefied Natural Gas, LNG) 시설을 통해 생산된 가스를 액화시켜 판매하는 개발개획을 수립할 수 있다. 그러나 LNG 시설과 운반선 확보에는 막대한 초기 투자비가 필요하여 작은 규모의 가스전에서는 고려하기 힘든 시나리오이다. LNG는 우크라이나 침공(2022년 2월) 이후 유럽으로 공급하는 러시아산 가스의 수급 불확실성으로 인해 온실가스 배출이 적은 친환경적 대체에너지로 주목받고 있으며, 유럽에서는 기존의 석탄발전소를 LNG 발전소로 전환하려는 움직임을 보이고 있다.

상업성이 확보된 프로젝트는 투자에 앞서 마지막으로 최종투자결정(Final Investment Decision, FID) 단계에 이르게 된다. 매장되어 있는 지하의 석유를 개발하여 생산하려는 개발계획이 승인되고 나서 사업의 경제성 평가를 근거로 진행하는 의사결정 단계이다. 프로젝트에 참여하는 회사들의 모든 동의를 통해 최종투자결정서를 산유국 정부에 제출하는 과정이며, 정부로부터 승인을 얻게 되면 생산시설을 짓는 엔지니어링·조달·건설·설치(EPCI) 단계를 진행하게 된다. 원유 또는 가스의 첫 생산을 위한 단계이다. 이처럼 최종적인 의사결정에 도달하기까지 소요되는 기간이 적지 않은 만큼 석유산업은 투자자들에게 기다림이 요구되는 산업 분야이다.

제3장

생산: 유정을 뚫어 석유를 뽑아내자

생산: 유정을 뚫어 석유를 뽑아내자

생산정은 석유를 지표로 생산하는 유정을 말한다. 유전의 특성에 따라 하나의 생산정에서 하루 1배럴(barrel)의 원유를 생산하기도 하고 일산 10,000배럴 이상의 원유를 생산하기도 한다. 가스전은 한 공(Well)에서 1백만 세제곱피트(cubic-feet)에서부터 100백만 세제곱피트 이상의 유량까지 넓은 범위의 생산성(Productivity)을 가질 수 있다. 생산성 차이는 석유가 매장되어 있는 저류층(지층)의 특성과 함께 얼마나 많은 양의 석유가 높은 에너지와 함께 집적되어 있었는지가 영향을 주는 인자들이다. 하지만 어떻게 생산할지에 대한 생산 개념에 따라서 결정되는 부분이 있다. 공급망 확대를 위하여 초기에 많은 양을 생산하거나 유정 간의 간격을 좁히면서 추가 생산정을 시추하여 석유 생산을 높일 수 있다. 하나의 빨대로 음료를 마실 때 보다 두 개의 빨대를 꽂고 마실 때 더 빠르게 마실 수 있는 것과 유사하다. 생산정 안에는 석유가 땅속에서 흘러나오기 위해 지나는 파이프인 생산관(Tubing)이 있다. 일반적으로 직경이 큰 생산관 일수록 높은 유량으로 생산할 수 있다. 이러한 생산관에 대한 설계는 이 장에서 설명하고자 하는 생산공학 분야의 핵심 주제이다.

물이 담겨 있는 컵 바닥에 있는 물고기가 컵의 표면까지 올라오기 위해서는 컵 높이만큼의 물이 누르는 무게를 이겨내야 한다. 이를 수두압(Hydrostatic Pressure)이라 한다. 석유가 땅속 암석에서 나와 생산관을 통해 지표까지 올라오기 위해서는 지층의 깊이(수백 미터에서 수 킬로미터)만큼 높이의 생산관 내 채워져 있는 유체(물, 오일, 가스)가 누르는 압력보다 높은 압력을 저류층이 가지고 있어야 한다. 그러나 석유가 집적된 저류층 압력은 생산 초기에는 높게 유지되나 지층에 매장되어 있는 석유가 지속 생산되면서 낮아진다. 이는 마치 풍선에서 공기가 빠져나가는 모습과 같다. 최적화된 생산계획을 수립하여야만 공기가 빠져나간 작은 풍선처럼 되었을 때 생산 전 주기에 걸쳐 암석들 사이에 잔류하는 석유를 최소화할 수 있다. 이 프로세스는 저류층이 가지고 있는 에너지와 석유를 생산하기 위해 설치하는 생산관 직경 등의 영향인자를 함께 고려하여 최대 생산량을 달성할 수 있는 최적화 작업을 가리킨다.

유정은 짧게는 수개월에서 보통은 20년 이상 동안 석유나 가스를 생산할 수 있도록 내구성이 강한 소재를 사용하는 생산관을 설치한다. 오랫동안 생산하는 전주기 내에서 시작과 끝나는 시기까지 생산량이 일정하게 유지되지는 않는다. 이는 풍선의 공기가 빠져나갈 때처럼 초기에는 높은 압력에 의해 공기가 빠르게 흘러 나가지만,

석유야 놀자

남아 있는 공기의 양이 적어질수록 빠져나가는 공기의 속도도 줄어들게 되는 현상과 같다. 마지막 단계에서는 풍선을 손으로 눌러 주어야만(외부의 압력) 남아 있는 공기들이 빠져나갈 수 있다. 초기-중기-후기 단계를 거치는 사이클은 석유를 생산하는 생산정에서도 관찰되는 현상이다.

지하 저류층의 압력이 높은 초기에는 저류층 압력(자연압) 자체만으로 석유가 지표까지 빠르게 유동할 수 있다. 하지만, 생산이 지속되면서 압력이 낮아지고 유체 유동 속도가 낮아지게 된다. 결국은 자연압에 의해 생산이 되지 않는 상태에 도달한다. 지층에서 나오는 석유가 생산관 높이의 유체 압력을 이겨내지 못하는 현상이다. 이러한 원인을 제거하고 생산이 중단되는 시점을 늦추기 위한 생산정 설계는 생산의 전주기 동안 석유가 지표로 흐를 수 있도록 중요한 역할을 담당하고 있다.

우물가에 설치되어 있는 옛날 수동(손) 펌프를 생각해보면 땅속 지층 속에 흐르는 물(지하수)을 지표까지 끌어올리기 위해 사용하는 인공적인 채유 방법을 이용하는 걸 알 수 있다. 모터펌프를 달고 수도 밸브를 열 때마다 모터가 작동하는 우물은 전기모터의 힘을 사용하는 방법이다. 두 경우 모두 얕은 지하수층을 시추하여 지하수를 생산하기 위한 지층 압력이 물을 지표까지 밀어 올려줄 만큼 높지 않기 때문에 생산관에 추가적인 에너지를 가함으로써 유체를 생산하는 사례이다. 석유산업의 생산도 땅속에 부존하고 있는 저류층 조건에 알맞은 방법을 수립하여 생산하는 최적화 작업이 필요하다. 그리고 생산을 지속함으로써 감소하는 에너지를 극복할 수 있는 추가적인 생산계획들도 함께 고려되어야 한다. 이 장에서는 어떻게 생산할지에 대한 전략과 함께 효율적으로 생산하기 위한 다양한 방법들에 관하여 이야기하고자 한다.

땅속에 꽂는 또 다른 빨대

지층에 생성되어 있는 석유가 지표까지 나오기 위해서는 통로가 필요하다. 저류층은 부존하고 있는 석유가 빠져나가지 못하도록 덮개암(Seal)이 상부층에 존재하기 때문에 인위적인 파괴작업(구조운동 등)을 하지 않는다면 땅속 석유는 그대로 머물러 있게 된다. 즉 우유에 꽂는 빨대처럼 시추작업을 통해 굴착한 시추공(Hole) 안으로 저류층의 암석과 지표를 연결하는 생산관(Tubing) 설치가 필요하다. 생산관은 암석(저류층)에서 나오는 석유가 지표까지 올라오면서 천부의 지층으로 새거나 지하수층에 혼합되어 오염을 시키지 않도록 격리될 수 있게 설계되어 진다.

땅속으로 내려갈수록 일반적으로 온도는 약 25℃/km씩 올라가고, 압력은 약 1,420psi/km씩 높아진다. 따라서 생산관은 고온·고압의 유체를 생산하는 동안에 견딜 수 있는 내구성이 높은 재질로 만들어져야 한다. 그리고 생산하는 유체의 특성에 따라 부식이 발생하지 않도록 제작되어야 한다. 하지만 아무리 내구성이 견고한 재질이더라도 견뎌낼 수 있는 한계치가 있으므로 안전 범위 내에서 생산이 이루어질 수 있도록 운영 가이드라인을 설정한다. 가스는 설계한 유량보다 유속이 빠를 경우 생산관에 침식(Erosion)을 주어 관 내 약한 부분이 끊어지거나 구멍이 발생할 수 있다. 생산하는 유체에 포함될 수 있는 황이나 이산화탄소, 지층수에 의한 부식

그림 3.1 육상 시추기와 작업현장 모습

(Corrosion) 작용도 비슷한 결과를 초래한다. 이처럼 유체가 흐를 수 있도록 설계한 관에 틈이 생기거나 파괴되면서 원유나 가스가 예상치 못한 경로를 통해 지표로 생산하게 되면 폭발 위험성이 커지는 '유정통제(Well Control)' 상황이 발생할 수 있다. 유정에서 예측하지 못한 높은 압력이나 유체의 유입을 제어해야 하는 상황을 가리키는 용어다. 암석으로부터 나오는 석유가 설계된 라인을 따르지 않으면서 발생하는 사건들은 막대한 재산 피해뿐만 아니라, 인명 피해와 함께 해당 생산정을 재사용할 수 없는 상황까지 만들 수 있다. 그래서 생산관은 흐르는 유체의 특성에 따라 설계해야 한다. 내구성이 가장 높고 모든 화학성분에 부식이 발생하지 않도록 제작한 생산관을 일괄적으로 설치한다면 문제가 안 될 수도 있다. 하지

만 높은 사양의 장비 구매는 높은 투자비를 초래하며, 이에 따라 사업의 경제성을 떨어트린다는 또 다른 문제를 야기하게 된다.

흔히 석유를 캐내는 빨대라고 불리는 생산정은 지층의 다양한 공학적 인자들을 고려하여 디자인하며, 경제성 있는 생산량 보다 낮은 유량(Economic Limit)으로 생산할 때까지 사용되어 진다. 깊이가 낮고, 한 공의 생산정으로부터 생산하는 유량이 낮으면 많게는 수백 개의 생산정을 한 개의 유전에 시추한다. 반대로, 한 개의 유전에 한 공의 생산정 만으로 생산하는 프로젝트도 있다. 적절한 생산정의 개수는 개발계획을 통해 최종확정을 하며, 같은 유전 내에 유사한 유체를 생산하는 생산정이라면 동일한 유정 모습으로 설계할 수 있다.

석유산업의 생산 프로젝트 주기는 수십 년에 걸쳐져 있다. 암석의 공극 내에 부존해 있는 석유가 멀리는 수 킬로미터 떨어진 곳에서부터 흘러 생산정 안으로 들어온다. 이러한 석유의 이동은 암석과 유체의 특성에 따라 수년 이상씩 걸리기도 한다. 석유회사는 생산주기 동안 생산이 진행될수록 석유의 잔여량과 저류층 상태를 지속적으로 모니터링하고 재확인하는 작업을 수행한다. 그리고 남아 있는 석유를 찾기 위해 압력을 측정하는 장비를 생산관 안으로 넣기도 하고, 잔여 석유의 함유량(탄화수소 포화도)을 측정하는 장비로 데이터를 측정하기도 한다. 지속적으로 필요한 데이터를 취득하여 생산 전략을 보완하기 위함이다. 생산관 넘어 땅속 안쪽의 자료들을 취득하여 더 많은 석유를 생산하려는 평가 작업은 사업이 완료되기 직전까지 석유회사의 주요 기술적 업무이다. 땅 위에서 보이는 작은 구멍 안으로 수 킬로미터의 깊이까지 설치되어 있는 생산관을 통하여 땅속 환경을 예측하고 석유를 캐내는 작업을 통해 복잡하게 얽혀 있는 상황들을 관찰해야 한다.

_ 다 똑같지만 않은 땅속의 환경들

지질학적으로 퇴적이 일어나고 구조운동에 의해 침하 또는 융기되는 과정 중에 침식작용과 풍화작용을 겪으면서 형성되는 암석은 다양한 특성을 갖는다. 그중 육상이든 해상 퇴적환경이든 동일한 시대 인근에서 퇴적되었다면 유사한 지층의 모습을 가질 수 있다. 하지만 퇴적환경이 같더라도 암석(지층)의 모든 면에 똑같은 힘으로 작용하지 않기 때문에 위치에 따라, 서로 얼마나 떨어져 있냐에 따라 다른 특성을 나타낼 수 있다. 이를 불균질성이라 부른다. 이러한 특성은 석유가 부존하고 있는 암석 내에 생산관으로 흘러가면서 거치게 되는 유동 통로들을 다양하게 만든다. 석유가 생산될 때 같은 지층에 부존하고 있더라도 생산관으로 유동하며 서로 다른 이동 경로를 거치게 되는 이유다.

생산관에는 나노미터(nm)에서 마이크로미터(μm) 크기의 무수히 많고 제각기 작은 공극 통로(Pore Throat)들이 연결되어 석유가 유동한다. 그래서 하나의 통로만 가지고 있는 물탱크처럼 수도꼭지에서 밸브의 개방 정도에 따라 일정하게 흐르는 물과 같지 않다. 저류층의 불균질한 특성에 따라 유체가 흐르는 속도가 다르기 때문에 매일 매일 지표에서 측정하는 유량이 다를 수 있다. 탄산염암이나 파쇄균열층과 같이 석유가 흐르는 작은 관들의 크기와 모양, 길이의 다양성 정도가 큰 생산정에서는 매일 일정하게 일산 100배럴이 생산되지 않는다. 원유 생산량이 80배럴이 될 때도 있고 120배럴이 될 때도 있다. 석유를 매장하고 있는 저류층의 불균질성에서 기인한 이유 때문이다.

저류층을 이루는 암석의 광물 입자 크기가 크고, 고르게 분포할수록 석유가 빠르게 흐를 수 있는 조건이 되어 많은 양의 석유를 생산해 낼 수 있다. 이를 생산성(Productivity)이라 부르며, 제조업에서 제품을 만들어 내는 속도와 유사한 표현이라 할 수 있다. 저류층은 일반적으로 소보로빵과 같이 석유가 집적해 있는 중심부로 갈수록 두꺼운 지층으로 형성되어 있고, 가장자리로 갈수록 얇게 분포한다. 같은 생산정을 시추하더라도 더 두꺼운 지층을 통과할수록 석유가 유동할 수 있는 암석과의 접촉면이 증가하여 더 높은 생산성을 보여준다. 생산관과 지층의 접촉면을 높이기 위해서 생산정을 수직으로 시추하지 않고 옆으로 누워서 하는 수평정 시추를 하기도 한다. 이는 궁극적으로 생산성을 높이려는 목적이다.

다양한 퇴적환경에서 형성된 지층의 이방성(방향에 따라 달리 갖는 특성)과 불균질성을 극복하며 많은 양의 석유를 생산하기 위해서는 생산관의 역할이 중요하다. 그리고 접촉 구간을 확대하는 것뿐만 아니라 정확하게 석유가 있는 지층을 찾는 것이 저류층의 생산성을 높이는 방법이다. 유정완결(Well Completion)은 이러한 생산관 설치를 포함하여 생산을 위한 준비 작업을 말한다. 여기에는 목표 깊이까지 시추를 수행하고 석유가 매장되어 있을 것으로 판단하는 구간을 물리검층 데이터(물리적 반응을 기반으로 암석과 공극 내 부존하고 있는 유체의 특성을 파악하기 위해 취득하는 자료)로 확인하는 작업을 포함한다. 다음으로 생산관과 암석을 연결하도록 천공 작업(화약건으로 생산정 내에 설치된 케이싱과 생산관 및 유정 주변 암석을 뚫어 연결되는 통로를 만드는 작업)하는 과정이 속한다. 석유가 아닌 지층수가 흐르는 구간을 천공한다든지, 석유가 존재하지 않거나, 유체가 흐를 수 없을 만큼 치밀한 암석을 관통하도록 천공을 한다면, 유정의 생산성이 낮게 된다. 생산정 시추에 앞서 다 똑같지만 않은 지층의 환경들을 정확히 파악하고 생산성을 높이는 방법들을 수립해야 한다. 이러한 저류층의 불균질성은 때론 동일한 생산유전 프로젝트에서 10배 이상의 생산량 차이를 보인다.

생산량을 높이기 위한 장비

생산관을 통해 올라오는 석유는 저류층 압력에 따라 지표의 생산설비로 도달하기까지 전달할 수 있는 에너지 크기가 결정된다. 하지만 자연이 만들어 준 에너지는 무한정 크지 않다. 그래서 생산량을 높이기 위해서는 자연적으로 형성된 저류층 압력에 외부 에너지원을 가해 주어야 한다. 에너지 공급을 위해 대표적으로 사용하는 인공적인 채유시설에는 가스 리프트(Gas Lift)와 펌프(Pump) 시스템이 있다.

먼저 가스 리프트 설비는 석유(액체) 보다 가벼운 가스(질소, 탄화수소 가스)를 생산관 내부로 주입하여 생산하는 기법이다. 생산관 내 석유와 함께 혼합시키면서 땅 위로 흐르는 유체의 밀도를 낮춰주는 효과로 생산량을 증가시켜주는 방식이다. 밀도가 낮아진 유체는 같은 저류층 압력 조건에서 더 높은 생산량을 보인다. 가스 리프트를 위해 사용되는 가스는 질소(N_2) 가스 혹은 유전에서 석유가 생산 후 분리한 수반가스가 있다. 질소 가스는 임시로 생산을 증대시키기 위해 외부에서 공급받아 주입하는 경우이며, 생산기간 내내 사용하기 위해서는 주입해 줄 수 있는 충분한 가스 공급이 필수적이다. 따라서 유전에서 원유와 함께 지표로 생산하면서 분리되는 수반가스가 있다면 공급원에 대한 문제를 해결할 수 있다. 하지만 필요한 만큼의 수반가스를 생산하지 못한다면 가스 리프트 방법을 통해 생산량을 높이는 증산 작업을 적용할 수 없다. 저류층의 다양한 특성별로 생산성이 변하는 바와 같이 생산유전이 가지고 있는 지리적, 물리적, 경제적 특성들에 따라 적용 가능 여부를 결정하기도 한다. 석유산업에서 지역적으로 또는 저류층 특성별로 적용하는 일반화된 생산 방법들이 있지만, 앞의 사례는 가스 공급원 유무 조건이 상반된 결과를 만들 수 있는 주요 인자가 될 수 있다는 걸 역설한다.

다음으로 일반화되어 적용하는 방법은 펌프 설치이다. 펌프에는 동적형(Dynamic Displacement)과 용적형(Positive Displacement) 펌프가 있다. 시골 우물가에 설치되어 있는 손펌프가 대표적인 동적형 펌프라 할 수 있다. 석유산업에서는 유사한 원리로 설계된 피스톤식 서커 로드 펌프(Sucker Rod Pump, SRP)가 있다. 심도가 낮은 육상유전 근처를 지나가게 되면 상대적으로 저렴한 투자비로 인해 어렵지 않게 찾아볼 수 있다. 석유산업에서 서커 로드 펌프는 육상유전의 상징적인 모습으로 여겨진다. 그러한 연유는 펌프가 인공적으로 땅속의 석유를 캐내기 위해 오래전부터 적용됐으며, 초기 현장에 널리 보급되어 졌기 때문이다.

용적형 펌프에는 모노펌프(Progressive Cavity Pump, PCP), 수력펌프(Hydraulic Pump, HP)와 전기공저펌프(Electric Submersible Pump,

그림 3.2 유정과 생산량 증대를 위해 설치된 인공채유시설(서커 로드 펌프) 모습

ESP)가 대표적이다. 세 가지 펌프는 전기에너지를 운동에너지로 변환하여 깊은 심도의 암석에서 나오는 석유를 지표까지 끌어 올려주도록 유체의 압력과 속도에너지로 변환해주는 역할을 하는 공통점을 가지고 있다. 전기모터를 사용하는 펌프는 다양한 산업분야에서 비슷하지만 서로 다른 용도로 적용되며, 생산 분야에서는 높은 온도와 압력, 그리고 높은 점성도를 가진 석유를 채굴할 수 있게 설계하여 사용한다. 석유의 생산량을 높이기 위해 도입하는 다양한 기술들은 전 세계에 잔존해 있는 석유의 매장량이 지속적으로 감소하지 않고 유지되는 비결이기도 하다. 의료산업의 발전으로 인간의 평균수명이 연장되는 바와 유사하게 2000년대에 접어들며 석유 고갈론이 등장하기 시작하였지만, 생산증진 기술의 발전으로 이러한

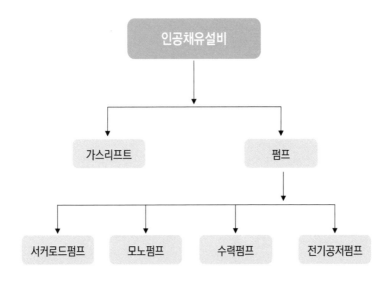

그림 3.3 인공채유법

의문점들을 해결할 수 있었다. 인공채유법은 자연적으로 생산되지 않는 시점을 인위적(기술력)으로 연장하여 땅속 석유의 회수율을 높이는 기법이기도 하다.

_ 메뚜기를 찾아서

전반적인 석유산업 프로젝트들이 성숙기에 접어들면서 기존에 생산하고 있던 유전들의 생산량이 정점을 지나 감퇴기에 접어들고 있다. 물론 탐사 활동에 의해 새롭게 발견되어 시작하는 프로젝트들도 보도되고 있다. 그리고 자이언트급 이상의 유전에서는 아직도 전성기의 모습을 보이며 많은 양의 석유와 가스를 생산해 내고 있다.

최대 생산량을 지나 저류층 에너지가 감퇴하고 있는 성숙유전(Matured Field)에서는 석유 생산을 유지하고 증대시키기 위한 첫 번째 방법으로 인공채유법(Artificial Lift)을 적용한다. 그중 육상의 석유 생산유전에서 가장 흔하게 찾아볼 수 있는 장비는 '메뚜기'라 불리는 서커 로드 펌프(SRP)이다. 메뚜기의 뒷다리처럼 긴 레버가 위·아래로 끄덕이듯 움직이면서 연결되어 있는 장대를 피스톤 운동처럼 당긴다. 이러한 운동에너지는 생산관 내 채워져 있는 석유의 압력과 속도에너지로 변환된다. 낮은 압력에 의해 지표까지 생산되지 못했던 석유들은 서커 로드 펌프에 의해 충분한 에너지를 공급받아 생산 전략에 맞도록 유량을 증대할 수 있다. 유전의 상징적인 이미지로 알려진 서커 로드 펌프는 인공채유법 중 가장 오랫동안 저비용으로 현장에 적용되면서 상업적으로 검증된 장비이다. 다만, 장비의 크기가 크고 무게가 무거워서 해상 유전처럼 한정된 공간을 갖는 플랫폼과 같이 모든 생산설비를 해수면 위에 설치해야 하는 제약조건 아래에서는 적용하기가 힘들다.

생산 장비에 대해 한 걸음 더 들여다보면, 각각의 장비들은 사용될 수 있는 조건이 있다. 증대할 수 있는 생산량 범위가 높지는 않지만, 점성이 높거나 생산층에서 모래가 생산되는 유전에서는 서커 로드 펌프, 모노펌프를 주로 사용한다. 반면, 수반가스가 많이 생산되는 유정은 가스 리프트 기법이 주요 적용되는 방법이다. 전기공저펌프(ESP)는 한 개의 생산정을 통해 일산 6만 배럴 이상까지 유체 유량을 증가시킬 수 있을 만큼 생산량 측면에서 적용 범위가 넓다. 저류층의 생산성과 압력에 따라 생산량을 몇 배까지 증산시킬 수 있는 장점을 가지고 있다. 하지만 단점으로는 생산하는 유체에 가스가 많거나 모래 등의 이물질 생산이 동반된다면 고장 위험도가 높으며 요구 전력량이 높은 편이다.

생산량을 높이기 위해서는 한 개의 방법을 선택하여 생산관에 설치해야 하는 만큼 시간에 따라 변화하는 유정의 조건에 맞는 적용 가능성을 검토해야 한다. 그리고 장비별 특성을 고려하여 경제성 높은 선택사항을 택해야 한다. 생산관에 설치하기 위해서는 중장비(시추선 또는 유정보수 장비)를 사용해야 하는 보수작업이 필요하기 때문이다. 석유 생산 현장에서는 물을 다루는 양수펌프와 다르게 높은 온도(최대 170℃ 이상)와 높은 압력(최대 5,000psi 이상), 점성이 있는 혼합 유체(가스, 원유, 물)를 끌어올리는 장비이다 보니 저류층 깊이에 설치하는 펌프는 고장 위험도가 높다. 일례로 전기공저펌프는 짧게 1년 이하의 수명을 보이긴 하지만 유전 특성에 맞는 장비를 올바르게 선택하고 지속 개선해 가면서 2년 이상 가동하기도 한다.

1900년대의 석유산업을 대표하는 메뚜기(SRP)는 시대가 지나가며 성능과 내구성이 개선되고 다양한 모습의 인공채유장비들로 변화하였다. 중동과 이집트의 사막 한가운데에서 생산하는 유전 환경 또는 해상처럼 서로 다른 작업환경들을 극복하려는 노력이 반영된 결과이기도 하다. 2010년대 이르러 더 작은 모터와 펌프로 기존의 생산관을 변경하지 않고도 장비를 투입하여 생산량을 증산할 수 있는 공저 펌프들(Cable Deployed Pump)이 개발되어 상용화하고 있다. 지름이 3.19인치로 사과보다 직경이 작은 펌프가 최대 일산 8천 배럴 유량까지 생산할 수 있을 정도로 기술이 발전하고 있다.

_ 스마트 생산

생산현장에는 석유가 부존하고 있는 저류층을 효율적으로 관리하고 생산량을 높이기 위해 스마트 유정완결(Smart Well Completion)

석유야 놀자

이라는 분야가 소개되었다. 생산 전략에 따라 저류층 조건을 고려한 생산기법이다. 과거 석유산업 초기에는 한 공의 생산정을 시추하고 한 개의 생산관을 설치하여 하나의 저류층 구간에서 생산하였다. 현재까지도 일반적인 유정완결(시추 후 생산을 위해 저류층 암석과 지표까지 생산관으로 연결하여 생산라인을 설치하는 작업) 방법으로 채택하고 있다. 그러나 저류층에서 생산하는 석유의 생산량이 감소하면서 발생하는 문제점들이 인지되고, 의도하지 않게 생산되는 모래와 같은 작은 광물, 또는 지층수들을 더 효율적으로 관리하려는 방안 모색이 필요하게 되었다. 수 킬로미터에 달하는 깊이의 생산관에 문제가 발생하였을 때마다 보수작업을 위해 소요하는 비용과 생산 손실이 프로젝트의 경제성을 낮추는 역할을 할 수 있기 때문이다.

생산에서 보이는 다양한 변화에 대응하기 위한 추가적인 장비들은 생산관에 장착한다. 예를 들면, 석유가 집적되어 있을 것으로 판단하는 개별 구간들을 구획화하여 독립적으로 생산할 수 있도록 개폐 밸브를 설치한다. 그리고 생산에 마이너스 영향을 주는 유체가 증가할 때 해당 구간에 대해 중장비를 사용하는 작업 없이 폐쇄함으로써 석유의 생산량 유지를 지속할 수 있게 되었다.

지층 암석이 파괴되면서 작은 광물들이 많이 생산되는 구간에는 작은 그물망 형태의 스크린을 설치하여 광물의 생산을 억제하기도 한다. 더 나아가서는, 지표에서 하나의 시추공을 굴착한 후 두 개의 생산관을 설치하여 개별적으로 서로 다른 저류층에서 석유를 생산한다. 이때 각각 저류층의 생산량을 관리할 수 있는 측정기도 별개로 설치한다. 저류층별로 얼마나 많은 석유가 집적되어 있는지(매장량)가 중요한 만큼 처음의 부존양에서 현재까지 얼마나 생산하였고, 남아 있는 양이 얼마만큼인지를 관리하기 위해서는 저류층별 생산량을 측정하고 관리하는 것이 필수적인 일이다.

또 하나의 사례를 소개하면, 땅속 근원암에서 생성한 석유는 하나의 저류층으로 이동하여 집적될 수도 있지만 위아래 다수 양질의 지층으로도 이동하여 집적하는 경우도 많다. 하나의 시추공으로 이러한 여러 개 저류층을 통과하여 생산하기에는 효과적이지 않다. 반면, 스마트 유전완결로 불리는 기술 중, 생선 뼈 형태의 유정 (Fishbone Well)은 하나의 굵은 뼈에서부터 곁가지처럼 굴착하여 여러 저류층에 생산관을 연결하여 생산할 수 있는 기법이다. 시추공 수를 획기적으로 줄일 수 있는 아이디어이고 생산량을 높여 프로젝트의 경제성을 증대시키는 방법이다. 그러나 생산량을 높이기 위해서 발전하고 있는 기술이지만 모든 저류층 환경에서 항상 긍정적인 효과를 주지는 않기 때문에 적용에 앞서 기술적·경제적 평가 작업이 선행되어야 한다.

제14장

회수: 생산성 향상을 위한 노력

석유야 놀자: 탐사에서 생산까지 궁금했던 이야기

제4장

회수: 생산성 향상을 위한 노력

땅속의 석유를 어떻게 하면 전부 캐낼 수 있을까 하는 고민은 오래되었다. 생활 속에서 찾아보면, 치약을 아무리 알차게 짜내어도 가위로 잘라서 확인해 보면 모퉁이에 남아 있거나 튜브에 얇게 묻어서 나오지 못하는 것을 볼 수 있다. 못 다 쓴 치약처럼 땅속 암석의 작은 공간인 공극(Pore)들 사이에 부존해 있는 석유가 잔류하고 생산되지 못하는 양은 얼마나 많겠냐는 고민은 석유산업에서 오래된 숙제이자 연구과제이다. 최대한 효율적으로 많은 양을 회수하기 위한 노력이 이루어지고 있다. 더 많이 회수하려는 노력, 더 빠르게 생산하려는 노력, 더 싸게 운영하려는 단계별 노력이 산업 분야에서 공을 들이는 주제이다.

지층에 부존하고 있는 탄화수소(석유 또는 가스)는 공극 안에 갇혀

서 나오지 못할 수 있다. 또한 암석의 광물들 표면에 흡착되어 유동하지 못할 수도 있고, 유동하는 통로가 없어 갇혀 있는 공극 안에 머물러 있을 수도 있다. 생산이 진행되면서 낮아지는 압력 때문에 지표까지 흐르지 못할 수도 있으며, 석유가 유동해야 하는 통로에 물 또는 가스가 흐르면서 석유의 유동에 방해를 줄 수도 있다. 이렇게 다양한 문제들을 해결하여 회수율을 높이려는 노력은 지속해 진행되고 있으며, 전 세계 매장량 증대에 크게 기여하고 있다.

단 1%의 회수율 증대로도 1억 배럴 매장량 규모의 유전에서는 1백만 배럴의 증산 효과를 볼 수 있고, 50불 유가를 가정한다면 5천만 불(약 600억 원)의 수익을 창출한다. 경제성 측면에서 보더라도 석유회사들이 회수율을 높이기 위해 다방면으로 연구하고 투자해야 하는 이유가 뚜렷하다. 추가 투자 및 개발 없이 생산정을 통해 자연생산(Natural Flow) 방법으로만 생산한다면 일반적으로 낮게는 약 10%에서 높게는 약 30% 이하의 회수율을 보인다. 반대로 설명하면, 70% 이상의 석유는 그대로 땅속에 머물러 있으며 생산되지 못한다는 이야기다.

일부 석유회사는 이처럼 생산이 어느 정도 진행되었지만, 석유의 잔여량이 많고 회수를 위한 회수증진법(Improved Oil Recover, IOR)들이 적용되지 않았던 유전들만을 매입하여 증산을 통해 수익을 올리기도 한다. 중소규모의 기업들이 증산에 특화된 전문 기술력을 앞세워서 진출하는 전략이다. 경제성이 한계에 가까워지는 유전의 경우 규모가 큰 석유회사들은 자산 매각을 통해 생산 말기의 프로젝트를 처분하기 때문이다. 전기차 산업에서 폐배터리를 수거하여 재생산하는 분야처럼 재투자와 재개발을 통해 저류층에 잔류하고

석유야 놀자

있는 석유의 생산성을 향상 시켜 부가가치를 높이기도 한다.

단위당 원가라는 개념이 석유산업에서 사용될 때는 1배럴의 원유를 생산하기 위해 투자되는 운영비용을 의미한다. 생산단가(Lifting Cost)로 사용되며, 프로젝트의 수익률을 알 수 있는 직접적인 재무지표이다. 일반적으로 육상광구가 해상광구보다 생산단가가 낮으며 생산성이 좋은 유전들이 적은 투자금으로 높은 생산량을 보임으로써 경제적인 운영을 할 수 있다. 똑같은 1배럴의 원유를 생산하기 위해 최소한의 운영 투자비(OPEX)를 투입하고자 하는 것은 운영권자의 한결같은 마음이자 궁극적으로 달성하고자 하는 목표이다. 중동 국가 사우디아라비아(사우디)의 육상유전에서 미화 10불/배럴 이하의 생산단가를 보이는 것은 저류층의 높은 생산성과 함께 석유 생산을 위해 갖춰져 있는 기반 시설들에 의한 복합적인 경제적 결과이다. 따라서 사우디에서 진행되는 다수의 석유 프로젝트는 유가가 생산단가보다만 높게 유지된다면 막대한 이익을 가져다준다.

유전은 생산이 지속될수록 감퇴하는 생산량을 높이기 위해 추가적인 투자가 요구된다. 그리고 운영권자는 최대 회수율에 도달할 수 있도록 노력한다. 작게는 수백 미터에서 수십 킬로미터에 걸쳐 분포하고 있는 지하 저류층 안의 석유를 회수하기 위해 단기간 적증산 방법과 함께 수년에 걸쳐져 추진하는 회수증진 프로젝트로 나누어 개발한다. 초기의 막대한 투자 후에도 지속적인 개발로 인해 석유산업은 전반적으로 투자를 회수하는데 장기간의 시간이 소요한다. 이를 조금 단순히 표현하면 방대한 분포 면적에 비하여 석유를 생산하는 생산관 직경이 수십 센티미터밖에 되지 않기 때문이다. 이 장에서는 석유회사들이 생산량을 늘리기 위해 고려하는 다양한 증산 방법들과 함께 작업의 주요 특성에 대해 알아보고자 한다.

더 많이, 더 빠르게, 더 싸게

울산에서 서울까지 가는 방법은 다양하다. 가장 빠르게 도착하는 방법과 단거리로 가는 방법, 또는 저렴하게 가는 방법처럼 여러 대안 중에서 목적에 맞게 선택하면 된다. 그러나 선택된 방법으로 가는 도중에 다른 방법으로 변경하기는 때때로 쉽지 않을 수 있다. 구미쯤에서 남은 거리를 비행기 편으로 바꿀 수 없듯이 생산유전의 회수율을 증진 시키는 하나의 방법을 적용하면서 전혀 다른 방법으로 변경하기란 많은 걸림돌이 있을 수 있다. 그중 가장 큰 걸림돌은 경제성이다. 이는 계획된 회수증진법을 전체 유전에 적용하기 위해 많은 사전 투자비가 투입되었기 때문이다. 유전에 적합한 방법을 선정하는 것이 중요한 과업임을 의미한다.

회수증진법 적용은 방법에 따라 기존 생산설비의 업그레이드가 필요할 수도 있고, 적합성 평가를 위한 연구가 선행되어야 하기도 한다. 일반적으로 현장에서는 시험 적용(Pilot Test)을 통해 검증된 방법에 대해 전체 유전으로 확대 적용하는 방식을 선호한다. 실증 시험이라 할 수 있는 시험 적용이 이루어지기 전에는 저류층에 집적해 있는 석유가 어떻게 유동하여 생산될 것인지에 관한 연구 및 평가 작업을 한다. 암석 내에 공극을 묘사하는 다공질성 시료(Core)를 이용하여 물리적 현상을 증명하는 실험실 실험(Lab Test)과 땅속 유체를 채취하여 시료를 통과하며 보이는 특성들을 분석한다. 매장되어 있는 유체(석유, 가스, 물)의 성분을 분석하고, 지질·지구물리 정보를 통합한 모델을 구축하는 작업이 시험 적용 전에 수행하는 단계이다. 그리고 회수증진법의 효율성을 평가하기 위해 수치해석 기법을 이용하여 컴퓨터 프로그램 기반의 3D 모델을 구현하고 유체의 유동을 묘사한다(해당 내용은 다음 장에서 조금 더 자세히 알아보겠다).

석유회사는 생산량을 증대시키기 위한 최종 방법을 결정하기까지 복잡한 프로세스를 거친다. 그만큼 많은 데이터를 분석하여야만 결론에 도달할 수 있는 한계가 있으며, 결과를 확인하고 의사결정에 이르기까지 오랜 시간이 걸리는 사업 분야이기도 하다. 프로젝트의 세부 단계별로 가지고 있는 불확실한 정보들을 제거하고 명확한 결론을 도출하기 위함이다.

생산량을 더 많이, 더 빠르게, 더 싸게 증산하기 위해서는 세 가지 측면에서 접근한다. 먼저, 생산시설물의 개선작업을 통해 지층에서부터 생산하는 석유가 조금 더 원활하게 유동할 수 있도록 하는 시설 업그레이드 작업이다. 생산된 석유가 시설물을 지나 저장탱크에 보관되기까지 거치는 유동관(Flowline)과 처리시설물들은 특정한 압력 조건 범위에서 운영한다. 하지만 운영압력이 높을수록 땅속에서 올라와야 하는 석유에 저항에너지로 작용하기 때문에 운영압력을 낮출 수 있는 추가 설비를 설치하거나 기존의 시스템을 조정한다. 물론 설비별로 운영 효율이 최적화될 수 있는 범위 내에서 설정한다.

두 번째로, 생산관 내 인공채유시설(AL)을 설치하거나 생산정이 시추된 지층의 생산성 향상을 위한 작업을 수행한다. 이 작업은 저류층에 부존하는 유체가 생산관으로 더 빨리 유동하고 지표로 끌어올려질 수 있도록 도와주는 방법이다. 땅속의 암석을 부수어 석유가 빠르게 유동할 수 있는 수많은 틈(통로)을 만드는 파쇄작업(Fracturing), 지층 내에 섞여 있는 용해 가능한 광물들을 제거하는 산처리 작업, 유정 주변 암석이 석유와 친화(Wettability)될 수 있도록 변환시키는 화학제 주입 등이 여기에 속한다. 다양한 성분들이 포함된 석유와 물을 생산하다 보니 생산관 내 집적되는 무거운 탄화수소 혼합물인 왁스(Wax)나 아스팔트 성분, 스케일(Scale) 등을 적시에 확인하고 제거해 줌으로써 생산량 개선 효과를 볼 수 있다.

세 번째로, 저류층에 남아 있는 석유들을 회수할 수 있도록 땅속으로 에너지를 가해주는 방법이 있다. 이는 마치 치약을 입구로 짜내듯 잔류한 석유를 생산관으로 밀어내는 방식이다. 주로 생산 중기나 후기에 고려하는 방법이다.

회수율을 높이기 위해서는 적용 가능한 여러 가지 방법들을 생산주기에 맞춰 전략적으로 사용한다. 다수의 방법을 시기별로 단기·중기·장기 프로젝트 단위로 적용한다. 또한, 운영사는 회수증진법을 계획하며 얼마만큼 생산량이 증산될지에 대한 예측 모델링도 수행한다. 하지만 가끔 석유회사들이 자산가치를 과장하기 위해 회수증진법을 가정해 산출된 기술적 생산 가능 프로파일을 근거로 프로젝트의 매장량이라 대표하기도 한다. 이는 경제성을 고려하지 않은 가치를 말하는 것이다. 이윤이 남지 않더라도 기술적으로 최대한 회수할 수 있는 모든 석유의 양을 산정한 값이다. 기술적 생산 가능량은 매장량 정의에 맞지 않는 수치이다. 그리고 일반적으로 매장량 보다 높게 산출된다.

이 책에서 설명하는 대부분의 산업 현장은 석유를 생산하는 유전을 가정하고 있다. 그러한 이유는 석유에 비하여 탄화수소 가스는 액체보다 작은 밀도, 낮은 점성도, 낮은 표면장력, 압력에 의한 높은 압축력 등의 특성으로 인하여 생산 회수율 편차가 크지 않다. 암석의 작은 공극 사이를 더 빠르고 쉽게 유동할 수 있다는 의미이다. 가스전의 회수율이 일반적으로 50%에서 80% 사이로 높은 것도 이러한 가스의 특성 때문이다. 땅속에 남은 20%의 가스를 추가 생산하기 위해 석유보다 낮은 판매가격으로 인해 경제성 있는 회수증진법이 다양하게 적용되고 있지는 않다. 물론 가스와 함께 생산되는 컨덴세이트(Condensate, 초경질유)의 함량이 높은 유전(Wet Gas 또는 Gas-Condensate)의 경우는 경제성을 고려한 회수증진법(수평정 시추, 가스 재주입 등)을 적용하고 있다.

_ 물이 석유로 바뀌는 마법

'1리터의 휘발유, 생수, 우유, 소주, 맥주, 콜라 가격을 비교해 보면 어떤 상품이 가장 비싸고, 어떤 상품이 가장 쌀까?' 라는 질문을 던져 본다. 어렵지 않게 계산해 볼 수 있다(개별 상품에 대한 가격은 경제 상황과 시기에 따라 변동되다 보니, 직접 비교는 생략한다). 하지만 이 중 단연 변동 폭이 큰 것은 휘발유이다. 2000년대에도 유가에 따라 1천 원대에서 2천 원대를 2차례에 걸쳐 오르고 내리다 보니 단기간 내 +/- 200%의 변동 폭을 보였다. 반대로 가격이 가장 저렴한 상품은 일반형 생수이다. 이와 같은 예를 소개한 것은 지층에 남아 있는 석유를 생산하기 위해 석유보다 값싼 방법만이 경제성 있게 생산을 증대시킬 수 있다는 간단한 비교 방법을 보여주기 위함이다.

저류층의 에너지를 높여줌으로써 회수율을 높이려는 방안 중에 가장 널리 사용되는 것은 물을 주입하는 수주입(Water Injection, 또는 Water Flooding) 방법이다. 땅속에 물을 넣어 에너지를 전달받은 석유를 생산하는 원리이다. 또는 저류층으로 주입하는 물을 이용하여 암석의 공극들 사이에 잔류하고 있는 석유를 생산정으로 밀어내어 회수율을 높이는 기법이다. 물이 휘발유보다 저렴하지만 실제로 생수를 넣는 것은 아니다. 땅속 지층수를 생산하여 주입하기도 하고, 바닷물을 처리하여 넣기도 하고, 원유와 함께 생산설비로 생산되는 물을 분리하여 다시 주입하기도 한다. 물론, 주입하는 물이라도 지층수, 바닷물, 석유와 함께 생산된 물이 가지고 있는 염분(Salinity)과 일부 포함된 화학물질이 다르다. 이러한 차이는 저류층에 주입하였을 때 땅속에서 일어나는 화학 반응으로 인하여 석유를 회수하는 효율성에 차이를 보일 수 있다. 물을 주입하여 보이는 효과는 비슷하지만 염분이 낮은 물을 넣을수록 높은 회수율을 보이기도 한다. 수주입을 석유산업에서는 2차 회수증진법으로 분류한다.

여기서 한 걸음 더 들어가 설명하면, 1차 회수증진법은 저류층 자체가 가지고 있는 에너지와 압력의 변화에 따르는 유체의 부피 팽창, 그리고 중력에 의한 유체의 밀도 차이에서 발생하는 에너지처럼 자연적으로 생성되는 원리에 의해 생산하는 현상을 설명한다. 일반적으로 유전의 개발 초기에 생산하는 모습이다.

2차 회수증진법은 인공채유법과 수주입 방법을 일컫는다. 저류층 자체가 가지고 있는 에너지에 2차적으로 가해지는 에너지원을 이용하여 석유의 회수율을 증진하는 방식이다. 석유회사들은 유전으로부터 원유의 생산을 늘리고, 조기에 빠르게 생산하기 위해서 2차 회수증진법을 생산 초기부터 적용하기도 한다. 또는, 생산의 중기로 접어들어 땅속에 있던 석유들이 빠져나오면서 저류층의 초기 에너지가 고갈되어 가는 시점이 되면 에너지를 가하고 압력을 높여주는 수단으로써 수주입을 도입하기도 한다.

효과적인 회수증진을 위해서는 석유가 부존하고 있는 지층 내에 석유가 생산정으로 잘 흐르기 위한 방안을 고안해야 한다. 이는 물을 '어떻게' 주입하느냐가 중요한 결정인자가 된다. 수주입은 생산정을 중심으로 일정한 간격을 두고 주변에서 물을 주입하면서 석유를 밀어줘야 한다. 하지만 수많은 주입정을 시추할 수 없는 한계를 가지고 있다. 따라서 유전은 한 공 이상의 생산정으로부터 생산하기 때문에 여러 공의 생산정이 동일한 패턴의 주입 시스템을 갖추어야 한다. 생산정 1공과 주입정 1공이 마주보는 패턴, 사각형 모서리에서 가운데 생산정으로 주입해주는 패턴, 한 공의 주입정과 사각형 모서리에 위치한 생산정으로 형성된 주입 패턴들을 비교 분석하여 효율적인 전략을 수립하여야 한다.

수주입에 대한 설계는 일반적으로 땅속 환경에 대한 데이터를 바탕으로 주입하는 물이 유동되는 모습을 모델링하여 수립한다. 모델의 결과를 바탕으로 수주입을 위한 설비들을 건설하고 수주입정을 시추하여야 한다. 여기에는 추가적인 주입정 시추를 통해 물을 주입하거나 원유의 생산 기여도가 현저히 낮은 유정을 생산정에서 주입정으로 전환하기도 한다. 중장기적인 프로젝트 추진전략이 필요하며 수년에 걸치는 사전 준비작업이 필요하다. 물을 넣어서 석유를 캐내는 방법은 전 세계적으로 가장 많이 적용하고 있다. 이러한 수주입 방법은 저류층에 부존하고 있는 석유 양의 10%에서 많게는 20% 가까이 회수율을 추가로 높일 수 있는 효율적인 증산 방법이다.

조금 더 많이

석유 자원량은 우리가 살아가는 시간 스케일로 생성되지 않는다. 인류가 사용하고 있는 탄화수소(석유 또는 가스)는 수억 만 년 전(쥐라기, 백악기)에 생성된 것으로 추정하고 있다. 그렇다 보니 매장되어 있는 자원량은 한정되어 있다고 볼 수 있으며, 탐사사업을 통해 새로운 유전을 발견하거나 더 많은 양의 석유를 땅속에서 회수하여야 한다. 국한된 천연자원의 회수율을 높이기 위해 얼마나 많은 노력을 기울이고 있을지 생각해 볼 수 있다. 석유 자원이 주요 에너지원으로 사용되고, 더불어 전 세계 에너지 요구량이 증가함으로써 전체 생산량에서 회수증진법에 의해 생산하는 양도 증가하는 추세이다.

앞서 살펴보았던 2차 회수증진법(인공채유법, 수주입)을 적용하더라도 땅속에는 아직 50%가 넘는 석유가 남아 있고, 회수하지 못한 석유의 경제적 가치는 적지 않다. 유가가 올라갈수록 투자자들 관심은 높아지고 회수율을 높이려는 석유회사들의 연구는 활기차게 진행되고 있다. 산업과 학계는 상업성을 최대로 유지하며 값비싼 석유를 더 많이 생산하여 판매하기 위해 유가보다 낮은 비용을 투자하는 방법들에 대해 다양한 시도를 추진하고 있다.

회수증진법은 저류층 전체에 부존하고 있는 석유 회수를 목적으로 한다. 즉, 땅속 저류층의 모든 수직·수평면에 걸쳐 광범위하게 분포하고 있는 잔여 석유를 생산관으로 유동시킬 수 있도록 자극해야 한다. 낮아진 에너지에 의해 유체 유동이 멈추거나 암석들에 흡착되었거나, 또는 생산관으로 이동하는 통로가 없어 갇혀 있는 석유를 효율적으로 유동시켜야 한다. 2차 회수증진법을 수행하면서 증대되었던 생산량이 다시 감소하거나, 또는 자연 유동이 되지 않는 유전에 추가적인 노력이 필요하다. 석유산업이 100년이 넘는 기간 동안 성숙해지면서 생산량이 감퇴 단계에 진입하고 있는 프로젝트들이 많아지고 있다. 이러한 성숙 유전에 2차 회수증진법 다음으로 3차 회수증진 방법들을 적용하고 있다.

3차 회수증진법은 EOR(Enhanced Oil Recovery)이라 표현하며, 1차, 2차, 3차 전체를 포함하는 회수개선법, IOR(Improved Oil Recovery), 정의의 하위 분류이다. 3차 회수증진법은 잔여 석유를 회수할 수 있도록 다양한 화학제품, 탄화수소 가스, 그리고 열을 이용하는 방법이다. 이를 통해서 전체 원시부존량(HIIP)에 약 20% 가까운 석유의 추가 회수를 목표로 하고 있다. 초기의 생산단계보다 높은 운영비로 인하여 높은 유가에서는 많은 프로젝트가 시작되지만, 유가가 낮아지면서 중단하는 사례도 빈번하게 일어나는 사업 단계이다.

땅속으로 한번 주입한 물질들을 다시 회수하고 주입하기 이전의 저류층 모습으로 복구하는 것은 불가능할 수 있으므로 사전평가를 면밀히 수행해야 한다. 주입한 물질들이 지층의 암석들 사이에 고립되거나 유체 유동을 오히려 방해하고 생산성을 낮추는 결과를 가져올 수도 있다. 반대로, 주입정을 통해 주입한 유체가 너무 빨리 생산정에 도달하면서 잔여 석유를 밀어주지 못하고 증산에 기여하지 못할 수도 있다. 이렇게 발생 가능 문제점들을 평가하고 소규모

1차 회수증진법			
자연 감퇴			
회수개선법 (IOR)	2차 회수증진법		
	인공채유법	수(水)주입	
	회수증진법 (EOR)	3차 회수증진법	
		열공법	화학제 주입	가스 주입

표 4.1 **회수증진법 분류**

시험 결과를 바탕으로 전체 유전에 확대 적용한다.

회수증진법은 일반적으로 생산정과 주입정, 또는 생산정과 생산
정 간의 간격이 수백 미터에서 수 킬로미터까지 떨어져 있어서 회
수증진을 위해 주입하는 물질에 의한 반응을 확인하기까지 시간이
많이 소요된다. 게다가 생산하는 유체만큼 많은 양의 물질들을 넣
어야 하는 방법의 경우 주입을 위한 시설물 건설과 사전 연구 기간
이 필요하다. 탐사에서 개발로 진입하는 단계만큼 또 한 번의 재개
발(Redevelopment) 프로젝트를 수행하여야 한다. 석유개발의 노력
에 대한 결실을 확인하는 게 쉽지 않은 분야임을 다시 한번 알 수
있다.

_ 싹싹 긁어보자

지층의 암석 내 공극에 남아 있는 석유를 유동시키는 것은 손에
묻은 기름을 닦아 내는 일과 유사하다. 첫 번째 원리는 광물에 흡착
된 석유를 분리하여 생산하는 방법이다. 마치 손에 묻은 기름을 비
누나 세제와 같은 계면활성제 성분으로 분리하여 닦아 내듯이 땅속

석유야 놀자

으로 계면활성제 성분(Surfactant 또는 Alkaline)을 주입하여 회수율을 높이는 방법이다. 두 번째는 저류층의 온도와 압력 조건에서 석유에 혼합되어 유동성(mobility)을 높여주기 위해 다른 유체를 주입하는 방법이다. 석유보다 값싼 메탄가스(CH_4), 질소(N_2), 이산화탄소(CO_2) 등은 석유에 혼합되어 점성도(Viscosity)를 낮춰주거나(Miscible Flooding) 석유를 밀어내어 흐르게 하는(Immiscible Flooding) 역할을 한다. 따라서 석유에 용해되는 유체 주입으로 유동성을 높여주는 원리이다.

석유는 생성되었던 조건에 따라 생산 후 자동차 연료로 바로 사용할 수 있을 만큼 품질이 좋을(Light Oil) 수도 있다. 또는 벌꿀처럼 점성도가 높아 잘 흐르지 않는 상태의 석유 품종(Extra Heavy Oil)일 수도 있다. 따라서 회수증진법은 모든 조건에서 똑같은 효율성을 갖고 있지 않기 때문에 저류층의 암석 특성과 부존해 있는 석유의 성분에 따라 적합한 방법을 찾아 적용해야 한다.

초중질유(Extra Heavy Oil)는 점성도가 높아 저류층 상태에서 흐름(유동)이 거의 없다. 따뜻한 온도를 가해야만 고체와 유사한 형태에서 액체에 가까워지면서 생산정으로 흐를 수 있는 상태가 된다. 초중질유에 열에너지를 전달하는 방법으로 물을 고열로 데워서 스팀(Steam) 형태의 기체로 주입하거나, 고온의 뜨거운 물로 주입하여 초중질유의 점성을 낮추게 한다. 열을 이용하는 방법은 오일샌드(Oilsand)의 생산에 일반적으로 적용하는 회수 방법(SAGD, Steam Assisted Gravity Drainage)이다.

지표에 설치한 가열설비를 통하여 열에너지를 전달하는 방법과 함께 땅속에 집적해 있는 일부의 탄화수소 혼합물(석유 또는 가스)을 직접 연소시켜 열에너지를 공급하는 방법도 있다. 지층 내 연소 조건을 만족시키기 위해 지표에서 산소를 공급해 주는 시스템이다. 이처럼 다양한 방법들에 대한 설명이 추가될수록 조금은 어려워지는 전문 산업분야일 수 있으나, 이러한 노력이 모여 50년(2000년대 초 주장됨) 안팎으로 남았다는 자원 고갈론이 틀렸음을 보여줄 수 있었다.

3차 회수증진법은 2차 회수증진법인 수주입의 효율성을 증대시키는 방안으로도 접목시켰다. 여기에는 효율성이 낮은 수주입 원인 해결에서 기인한다. 주된 이유로 저류층에 퇴적된 지층은 해변가 모래사장의 모래알처럼 고르게 분포할 수도 있지만 퇴적환경에 따라 다양한 모습을 보이기 때문이다. 이를 불균질성이라 표현한다. 이러한 퇴적층은 주입하는 물이 균일하게 퍼져나가지 못하는 특성을 보인다. 즉, 일부 유체가 유동하기 쉬운 곳으로 먼저 관통(Breakthrough)하기 때문에 수주입의 효율성을 떨어트리는 결과를 초래하며 물이 퍼져나가면서 석유를 골고루 밀어내주지 못한다. 폴리머(Polymer)는 이러한 문제점을 해결하기 위해 물에 혼합하여 점성도를 높여주는 역할을 한다. 마치 젤리와 같이 유동이 어려운 유체가 된다. 저류층으로 주입한 폴리머는 유동이 빠른 구간을 억제하고 주입정에서 생산정으로 가는 경로의 지층에 잔류하고 있는 석유가 골고루 회수되도록 돕는다.

회수율을 더 높이는 방법으로 위에서 언급한 가스(Gas), 화학제(Chemical), 열(Thermal)을 이용하는 방법들이 교차 적용되거나, 주입되는 순서, 주입량, 주입 농도 등을 조절한다. 주입하는 유체들은 1%의 회수율이라도 더 높이기 위해서 남아 있는 석유가 생산관으로 유동(Flow)할 수 있도록 공조한다. 물론 주입하는 물질들의 높은 가격대로 인해 3차 회수증진법에 돌입하는 프로젝트들은 경제성이 낮아지는 측면도 존재한다. 이처럼 동일한 석유라도 생산원가는 생산하는 지역(육상 또는 해상)에 따라도 다르지만 생산 및 회수 전략에 따라서도 차이를 갖는다.

_ 친환경적인 회수

온실가스 발생의 주범이라는 죄명은 석유 에너지가 벗어낼 수 없는 원죄이다. 탄화수소가 연소하면서 발생하는 이산화탄소(CO_2)는 온실가스의 주범이고 기후변화의 주적이기 때문이다. 하지만 세계 에너지원이 석유 에너지를 중심으로 발전하였고, 친환경적일 수 없는 특성보다는 높은 열량을 내는 에너지원이라는 장점으로 인해 현재까지도 높은 비중으로 사용하고 있다. 동시에 신재생에너지로 전환은 모든 국가가 당면하고 있는 문제이다. 그러한 에너지 정책 방향으로 가는 길목에서 석유회사들이 조금이라도 이바지할 수 있는 부분이 있다면 배출되는 이산화탄소를 재사용하거나 대기 중으로부터 제거할 수 있는 친환경적인 회수법을 적용하는 것이다.

대기 중 또는 공장에서 포집한 이산화탄소를 저류층에 주입하여 석유의 유동성을 높여주는 방법은 실험적으로는 높은 회수율을 보인다. 그뿐 아니라 환경적으로는 포집한 이산화탄소를 땅속에 영구적으로 안전하게 저장할 수 있는 기술이다. 아부다비 국영석유회사 ADNOC은 2030년까지 연간 5백만 톤의 CO_2를 포집하여 석유 회수율 증진을 위해 활용할 계획(ADNOC 홈페이지 공시 정보, '23년)이다. 이러한 CO_2 주입은 3차 회수증진공법으로 분류하며 높은 회수율을 달성할 수 있는 방법이다. 하지만 CO_2를 조달할 수 있는 공급망에 대한 어려움으로 인해 적극적으로 활용하고 있는 유전이 많지 않다. 그러나 환경에 대한 관심과 함께 탄소 감축률이라는 국가별 목표 달성을 위해서 친환경적인 회수법으로 주목받고 있다.

주입하는 CO_2는 특정 온도와 최소 혼화 압력(Minimum Miscibility Pressure, MMP) 조건 이상에서는 석유에 흡수되어 유동성을 높여준다. 반면 낮은 온도와 압력에서 주입할 때는 석유를 밀어주는 역할을 통해 회수시킨다. 물론, 압력이 낮아져서 가스가 액체를 밀어주는 시스템이 된다면 바람을 불어 식탁 위에 떨어진 물을 흩날리는 현상과 유사하다. 그리고 CO_2가 석유에 흡수되어 유체의 유동성을 높여 생산할 때 보다 낮은 회수율을 보인다. 이러한 특성에도 불구하고 CO_2를 활용한 회수법은 탄소중립에 가까운 석유 제품을 생산해낼 수 있는 방법이다.

테슬라 CEO 일론 머스크(Elon Musk)는 '최고의 탄소 포집 기술에 대한 상금으로 1억 달러를 기부하겠다(2021.1.22.)'라고 소셜미디어에 올렸을 정도로 온실가스 감축 기술에 대한 관심이 높다. 탄소 포집 기술은 탄소중립 정책의 하나로 석유회사들이 석유산업의 원천 기술력을 바탕으로 빠르게 진출하고 있는 분야이다. 그중 대표되는 기술이 탄소 포집·활용·저장(Carbon Capture Utilization and Storage, CCUS)이다. CCUS에는 석유 회수율 증진을 위해 CO_2을 주입하는 방법도 포함한다. 이러한 기술들은 자원 빈국들이 주도하고 선점하여 석유 전쟁으로부터 국가 경제를 세울 수 있는 분야이기도 하다. 다만, 친환경적인 회수 방법에도 불구하고 신재생에너지를 생산할 수 있는 기술력이 점진적으로 발전하고 보급률이 올라간다

석유야 놀자

면, 석유가 차지하는 에너지 비중도 감소하게 될 것이다. 자세한 내용은 6장에서 살펴보겠다.

제15장

발전: 석유개발에 신기술을 입히다

제5장

발전: 석유개발에 신기술을 입히다

기초 과학과 이론들은 분야를 넘어 다양하게 응용된다. 다윈의 진화론에서 발전한 유전자 알고리즘(Genetic Algorithm)은 부모의 유전자로부터 다음 세대로 유전자가 교차·변이되어 가는 과정을 수학적으로 표현하여 해를 도출하는 통계학적 방법이다. 자세히 설명하면, 부모 세대의 값들이 교차 되어 다음 세대로 진화하면서 이전 세대에 가지고 있던 우수한 특성값들을 변이시켜 찾고자 하는 값에 근접한 변수를 효율적으로 찾도록 하는 기법이다. 이런 유전자 알고리즘은 기술자들이 직접 변수를 조정해 가며 찾고자 하는 결과(목적함수)에 근사치를 찾는 데 소요하는 시간과 비용을 줄이고, 결과에 대한 정확성을 높이는 데 기여하고 있다. 또한 최적화 방법의 하나로써 유전자 알고리즘은 금융, 경제, 경영 분야 등에서 폭넓게 사용하고 있다. 석유산업에서도 최적화 방법을 포함하여 컴퓨터의 도움으로 프로젝트 전반에 걸쳐 효율화와 정확도 향상을 목적으로 한 이론들을 적용하고 있다.

디지털화라는 시대적 흐름은 더 빠르고 더 편리하게 생활할 수 있도록 다양한 정보들을 수학적인 컴퓨터 수치로 변환하고 관리하면서 필요에 따라 사용할 수 있는 시스템을 갖추는 것이라 정의할 수 있다. 석유산업의 디지털화는 탐사단계에서 시작하여 개발 및 생산단계에 걸치는 프로젝트의 전주기 작업에서 일어나고 있다. 산업의 초기에 탐사단계에서 취득하는 탄성파탐사 데이터는 영상 필름에 기록되었다. 그러나 현재는 디지털화된 코드 데이터로 입력되어 언제 어디서든 통신매체를 통해 자료들을 공유해 가며 여러 기술자가 함께 평가에 사용한다. 수십 년 전의 일이지만 디지털화된 데이터 처리 시스템 도입이 탐사자료의 취득에서 처리, 해석에 걸치는 전 과정의 시간을 많이 단축할 수 있었다.

최근 들어 전 세계적으로 주목 받는 과학기술 분야 중 하나는 인공지능(Artificial Intelligence, AI)이다. 디지털화에 따르는 많은 데이터(Big Data)의 생성과 축적은 인공지능에 활용할 수 있는 다양한 학습데이터를 제공할 수 있게 되었고, 인공지능 기술을 응용한 방법들이 분야의 장벽을 넘어 사용되고 있다. 석유 분야에서는 산업의 특성상 기업이 취득한 데이터를 자산 일부로 여기기 때문에 일반에게 공개된 자료가 한정되어 있다. 그리고 기술개발을 위한 데이터도 공유되지 않는 한계를 가지고 있다. 하지만 차세대 선도 기술들이 변화시키고 있는 시대의 흐름을 받아들이려 노력하고 있다. 특히, 현장에서는 많은 초기 투자비를 요구하는 만큼 산업에서 검증되지 않는 신기술 적용에 대해 배타적이었으나 지금은 보수적인 경향들이 무너지고 있다. 또한 전 세계에서 진행하는 많은 프로젝트로 인해 국가별, 기업별로 소유하게 된 데이터양이 충분히 많아지고 있다. 이렇게 축적된 데이터는 석유회사들의 클라우드 시스템(Cloud System)을 이용하여 많은 기술자가 시간과 장소에 구애받지 않고 스마트워크(Smart Work)를 수행할 수 있도록 온라인 기반 시스템이 구축되고 있다. 정보통신기술(Information and Communication Technologies, ICT)의 도입이다.

석유개발에 도입하는 신기술에 대해 한 걸음 더 나아가 보면, 석유 생산 현장에서 일어나는 모든 데이터를 스마트폰으로도 확인하는 시대에 접어들었다. 다만, 다양한 산업 현장 또는 국가별로 기반시설이 다르다 보니 일부에서는 아직도 현장 기술자들이 수기로 메모장에 필기하여 기록하는 아날로그식 관리가 이루어지기도 한다. 망망대해의 해상에서도 통신시설을 이용하여 육상의 사무실로 자료를 보내기는 하지만, 오래된 산업의 역사만큼 오래된 설비와 시스템들에 의해 운영하는 현장이 많다 보니 ICT 기술이 도입되지 못하는 부분이 있다.

하루에 한 번씩 현장을 돌며 수천 개가 넘는 생산정 게이지에서 보이는 압력과 온도 자료를 읽고 기록해야 한다. 데이터의 빈도수가 일일(Daily) 측정값으로 기록되는 것이다. 반면, 디지털화되어 있는 생산시스템에서는 초(Second) 단위보다 짧은 데이터 측정 주기로 자료를 기록하고 실시간으로 유정의 상태를 확인할 수 있다. 이러한 차이는 청진기만을 이용하는 의사와 첨단 의료 장비를 이용하는 의사가 환자의 병명을 진단하기 위해 얻는 데이터 차이 정도로 볼 수 있다. 석유산업에서도 디지털화는 사람의 손에서 뇌까지 전달되는 전파보다 빠른 0.001초의 데이터 처리 속도를 목표로 한다. 5G 통신기술 보급과 확대를 통해 초저지연성(Low Latency)을 달성하려는 시대 흐름에 동행하고 있다.

많은 데이터의 축적과 응용 기술 적용으로 석유회사들의 수익성이 높아지는 한편, 더 이상 컴퓨터 도움 없이는 석유산업이 운영되지 못할 정도에까지 이르고 있다. 신기술이라 구분할 수 있는 기술들은 넓은 분야의 학문이 집약되어 있는 석유산업에서 다양하게 적용하고 있다. 이 장에서는 시뮬레이션과 인공지능, 디지털 전환의 적용을 소개하고자 한다. 해당 기술력들의 발전은 탐사 성공률을 높여주고 석유회사들의 생산단가를 줄이며 생산량을 증대시키는 분야 등에 사용하고 있다.

시뮬레이션하자

여의도만 한 면적의 땅에 피자 한 판만 한 구멍을 뚫어 여의도 전체의 지질학적 특성을 유추하기란 쉬운 일이 아니다. 구멍을 세 개 뚫는다고 하여도 정확성이 현저하게 높아진다고 단언할 수 없다. 설령, 굴착기로 여의도를 모두 파내어 지층의 특성을 확인한다고 하여도 넓은 지역을 묘사하기에는 많은 가정사항이 필요하다. 이러한 어려움을 해소하기 위해 현상을 이해하고 미래 예측을 수행하기 위한 시뮬레이션 기술인 디지털 트윈(Digital Twin) 개념이 땅 속을 묘사하고 예측하는 데 적용되고 있다. 이 개념은 현실 속 물리적 시스템 구조를 컴퓨터에 같게 만들어 내는 기술이다. 즉, 석유산업에서 디지털 트윈은 다양한 산업분야에서 미래 예측을 위해 사용하는 시스템처럼 자연현상을 묘사할 수 있는 수학적 이론을 바탕으로 시뮬레이션을 수행하는 원리이다.

시뮬레이션(Simulation) 기법은 탐사에서부터 시작하여 개발과 생산의 전 과정에 걸쳐 도입하고 있다. 하나는 생산설비의 프로세스들이 저류층에 부존하고 있는 석유가 생산되어 처리될 때 디자인한 조건의 범주 안에서 효율적으로 운영되는지를 사전에 점검하는 방법이다. 설비별로 최대의 효율성을 보이는 조건에서 생산하는 유체의 불순물을 제거하고 원유의 회수율을 높일 수 있는지를 시뮬레이션한다. 이러한 방법은 장비에 발생할 수 있는 결함을 사전에 발견하고 해결 방법을 찾아 생산성을 높일 수 있다. 또한 계획한 생산물을 처리하는 데 개별 시설물의 운영 조건이 최적화될 수 있도록 설계한다. 시뮬레이션은 생산설비와 파이프라인을 지나는 유체의 온도, 압력, 유량 및 특성(점성도, 밀도, 탄화수소 혼합물 성분 등)으로부터 얻어지는 데이터를 유동 관계식에 대입하여 시스템의 효율성을 확인한다. 다양한 상용 소프트웨어들이 보급되어 있으며, 컴퓨터 도움으로 수학적 계산을 빠르고 쉽게 할 수 있다.

두 번째는 지표에서 취득하는 탐사자료들과 시추를 통해 얻어지는 한정된 데이터들을 통합·분석하여 석유의 생산 모습을 그리는 방법이다. 여기서 시뮬레이션은 개발계획 수립, 생산량 증대 방안 평가, 최적 시추 위치 선정 등 다양한 목적에 맞게 가정된 상황에서 결과를 예측해 보는 프로세스이다. 시뮬레이션에서 적용하는 수치해석기법은 전체의 시스템(저류층)을 작은 단위로 분할하여(차분화) 유체가 유동하는 모습을 묘사한다(Finite Difference Method, 유한차분법). 수백 킬로미터가 넘는 고속도로를 백 미터 또는 더 작은 단위의 구간별로 교통체증을 확인하고 내비게이션시스템에서 도착시간을 계산하는 과정과 유사하다. 이는 땅속에 매장되어 있는 석유가 생산정으로 유동하는 과정을 묘사한다. 조금 더 자세히 표현하자면 암석의 공극 사이에서 가스, 석유, 물이 압력의 차이에 의해 높은 곳에서 낮은 쪽으로 유동하면서 투과하는 흐름을 말한다. 그리고 암석의 입자와 서로 다른 유체 간에 작용하는 힘(에너지), 중력에너지, 열에너지 등을 수학적으로 풀이하는 것이다. 얼마나 많은 생산정으로 생산해야 석유의 회수율을 높일 수 있는지부터 계획한 회수증진법을 적용했을 때 광권기간 내 경제적으로 생산할 수 있는 석유양은 얼마나 될 수 있는지 등을 시뮬레이션한다. 이러한 과정은 개발계획별로 효율성을 평가하고 시뮬레이션 방법을 통해 사전에 검증하는 작업이다.

세 번째는 개별 생산정에서 생산하는 유체 유동을 묘사하는 것이다. 시뮬레이션 방법은 석유가 땅속에서 흘러나오는 생산관 내의 유동을 예측함으로써 최적의 생산정 모습을 설계하고 생산량을 높일 수 있는 방법을 찾는다. 또는 다양한 인공채유법을 적용하였을 때 예측되는 현상을 사전에 평가하여 적용 가능성을 검토하고 생산량을 최대로 증산할 수 있는 방법을 선정한다. 실제로 유체라고 하면 온도와 압력 조건에 따라 물리적 특성(점성도, 부피, 에너지)들이 변하기 때문에 컴퓨터 도움 없이 단순한 계산으로는 현상을 정확하게 묘사하기가 쉽지 않다.

이처럼 시뮬레이션은 다양한 목적을 가지고 시스템과 동일한 모델을 컴퓨터에 표현하여 문제점을 예측하고 개선점을 찾는다. 석유산업의 오랜 역사처럼 땅속 모습을 조금 더 정교하게 묘사할 수 있

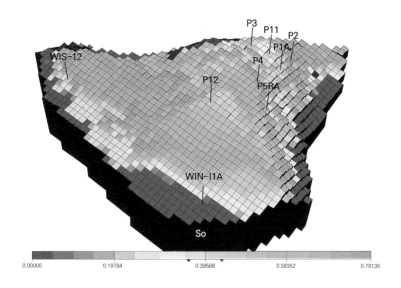

그림 5.1 땅속 저류층을 모사하고 생산을 예측하는 시뮬레이션 모델

게 발전하고 있다. 그리고 시뮬레이션을 통해 실패를 최소화하고 수익을 증대시키는 데 활용하고 있다.

_ 모델이 멋지다

런어웨이(Runaway)를 걷는 패션업계 모델의 옷을 구매하여 입어 보면 다소 어색함이 있을 수 있다. 모델과 실제 모습과의 차이점 때문이다. 물론, 같은 옷으로 각자의 개성이 담긴 스타일을 연출하는 것이 패션이지만, 모델이 보여주는 모습을 똑같이 연출하고 싶었다면 실망할 수 있다. 현상을 바르게 이해하고 대처하기 위해서는 실제의 물리적 시스템과 유사한 모델을 만드는 모델링 작업이 중요하다는 의미이다. 지층에서 생산하는 석유의 생산량을 예측하기 위해 만드는 모델(Model)을 저류층 모델이라 하며, 유전의 개발을 위해 다양한 시나리오들을 시뮬레이션하는 데 사용한다. 모델은 땅속의 저류층 특성을 묘사하여야 하고, 유체(석유, 가스, 물)의 특성을 수학적으로 정의하여야 한다. 크게는 수십 킬로미터에 달하는 저류층을 여러 개의 격자(Grid Cell)로 구성하고 있는 모델 안에서 하나의 격자는 동일한 물리적 특성(때로는 화학적 특성)을 갖도록 정의한다. 이는 지도의 축척과 유사한 방법으로 넓은 범위에 분포한 개별 특성값들을 지구통계학적 방법을 통해 하나의 대푯값으로 표현하는 것이다. 실제와 모델 간의 서로 다른 규모(Scale)의 차이에 의해 발생 가능한 에러를 해결하고, 실제 현상들을 조금 더 단순화한 모델 안으로 변환(Upscaling) 시킨다. 모델링에서 사용하는 수치해석기법은 물리적 현상에 대한 해답을 구하는 과정 중 하나이다.

모델은 실제의 저류층을 대신하여 암석의 공극 사이에서 유동하는 유체들을 여러 개(많게는 수백만 개 이상)의 작은 격자로 묘사한다. 석유가 부존해 있는 암석과 유체에 대한 다양한 데이터 및 실험 결과들이 모델을 정의하는 값이 된다. 자세히 들여다보면, 저류층 모습(Geo-model), 암석의 공극률(Porosity), 투과율(Permeability), 압축률(Compressibility) 및 유체 포화율(Saturation), 밀도(Density), 점성도(Viscocity), 모세관압(Capillary Pressure), 용적계수(Formation Volume Factor) 등의 특성값들이 유체 유동을 수학적으로 풀이하는 지배방정식 인자들이다. 물리적 시스템을 갖춘 모델에서 운영 조건에 따라 부존하고 있던 석유가 유동하여 생산관을 통해 지표까지 흐르는 모습을 묘사하는 것이다. 이렇게 만들어진 모델이 땅속의 환경을 얼마나 정확하게 묘사하였는지는 관측된 데이터들과의 차

석유야 놀자

이(Misfit)에 의해 설명할 수 있다. 유전에서 생산하는 유체와 생산관에서 관측되는 온도, 압력 자료와 얼마나 일치하는지에 따라 모델이 미래 예측을 위해 저류층을 정확히 묘사하고 있는지 평가한다. 모델과 관측값 간의 오차가 있다면 모델을 수정해 가며 생산되는 데이터와의 차이가 최소화될 수 있는 신뢰도 높은 모델을 만들어야 한다. 이를 히스토리 매칭(History Matching) 작업이라 부르며 만들어진 컴퓨터 모델이 정확하게 현상을 묘사할 수 있도록 정교화하는 과정이다. 시뮬레이션에서 모델에 대한 신뢰도가 낮다면 모델을 활용하여 예측한 결과값에 대한 정확성이 낮을 수밖에 없다.

정확한 모델을 만들어서 비용 투자에 앞선 시뮬레이션을 통해 결과를 예측하고, 여러 대안 중 최적의 방법을 도출하고 수익성을 증대시키는 기술은 석유산업에서 중요한 역할을 수행하고 있다. 잔존해 있는 석유를 더 많이, 더 빠르게, 더 싸게 생산할 수 있도록 크게 기여하고 있는 핵심적인 기술로써 지속 발전하고 있는 분야이다.

인공지능(AI)과 함께

알파고가 이세돌과 바둑 대국에서 4대 1로 승리하면서(2016년) 전 세계인들은 다시 한번 인공지능(Artificial Intelligence, AI)에 대한 관심을 갖게 되었다. 알파고에게 한 번의 패배가 주는 의미도 크지만, 인공지능이 인간을 뛰어넘는 전략과 전술로 승리를 이끌었다는 메시지는 AI의 발전을 널리 알릴 수 있는 계기가 되었다. 그리고 챗GPT라는 챗봇(Chat Bot) 형태의 대화형 메신저 상용화(2022년 11월)는 인공지능 부흥 시대로 가는 초입에 다양한 화두를 던지며 신호탄을 쏘아 올렸다.

1956년 다트머스 회의(Dartmouth Conference)에서 인공지능을 정의한 이래 다양한 분야에서 적용해 오고 있는 AI 기술은 석유산업에서도 최적화와 자동화라는 개념으로 사용하고 있다. 복잡하고 다양한 요소에 의해 결정되는 산업의 특성상 인공지능 기술은 탐사사업에서부터 시작하여 개발과 생산에 이르는 프로젝트 전반을 통해 생성되는 데이터들을 컴퓨터 기반으로 관리 및 운영하며 생산성을 향상하고 있다.

생산시스템 공정 효율 개선을 위한 최적화는 저류층에서 생산하는 석유를 최소한의 운영압력 제한조건에서 최대로 생산할 수 있도록 개별 설비들의 입력과 출력 압력, 유량을 조정하고 개선할 수 있도록 지원한다. 생산하는 석유가 처리되면서 실시간으로 측정하는 데이터들을 통해 프로세스 모델이 도출할 수 있는 최적화된 값을 찾는 알고리즘들이 운영 조정 인자(Control Parameters)들을 업데이트하는 것이다. 생산설비는 설정되어 있는 조건을 벗어나면 알람이 울리고 문제가 되는 프로세스상의 코드 번호를 제공함으로써 해결방안을 제시하기도 한다. 기본적인 생산 공정에서부터 시작하여 땅속의 석유를 찾기 위해 측정하는 데이터 해석에도 적용한다.

그중 탄성파탐사 자료에서 얻어지는 반응(Response)을 통해 지층에 석유나 가스가 집적되어 있을 때 보이는 신호(Signal)를 구별해 내고 유망구조를 신속하게 도출할 수 있도록 해석을 도와준다. 또한 자료 취득 시에 발생하는 다양한 잡음(Noise)들을 구별하여 제거하고 땅속에서 반사되는 파장의 수직해상도를 높이는 데 기여하고 있다. 탄성파 해석은 파장이 지하로 전달 후 반사되어 오는 신호를 이용하여 수 킬로미터 깊이에 있는 지층들을 해석해야 한다. 그리고 지하에 부존하고 있는 수십 미터에서 수백 미터 두께의 석유와 가스층을 찾기 위해서는 땅속 지층을 구별할 수 있게 수 미터를 해석해 낼 수 있는 높은 해상도를 요구한다. 일반적으로 탄성파탐사 자료는 수백 제곱킬로미터에서 수천 제곱킬로미터의 넓은 광역적 지역의 자료를 취득하기 때문에 처리 및 해석해야 하는 데이터양이 많다. 넓은 범위에서 얻어지는 빅데이터(Big Data)의 신호에서 이상 징후(석유 또는 가스)와 잡음을 분류하여 빠르게 유망구조를 찾는 것이 바로 컴퓨터를 이용하는 AI 역할이다.

인공지능을 활용한 자동화 적용은 석유개발에서 최종 의사결정에 이르는 장기간의 소요 시간을 획기적으로 줄여주고 있다. 석유가 매장되어 있는 저류층을 묘사하는 모델과 실제 취득된 데이터와의 유사성을 높이기 위해 수행하는 매칭 작업을 예로 들어본다. 저류층 모델이 만들어지고 유체 유동이 실제를 묘사할 수 있도록 현장에서 취득한 생산자료와 매칭(History Matching)하기 위해서는 모델을 조정하는 작업이 필요하다. 여기서 최적화 알고리즘은 컴퓨터를 기반으로 모델과의 차이(Misfit)가 최소화될 수 있는 불확실한 인자(Control Parameters)들을 빠르게 찾아준다. 일반적으로 해석자가 사용해 오던 시행착오기법(Trial and Error)으로 시도하면서 불확실 범위 내에 적절한 값을 찾아주던 프로세스에 최적화 알고리즘을 적용한다. 물론, 자동화를 통해 도출하는 결과에 물리적 현상을 설명하는 것은 해석자의 몫으로 남아 있다.

최적화에 사용하는 알고리즘에 대해 한 걸음 더 자세히 알아보면, 구배 기반(Gradient based), 하이브리드 방법(Hybrid Method), 통계학적 방법(Stochastic Method), 확률론적 방법(Probabilistic Method)으로 구분하는 최적화 방법이 있다. 복잡한 문제에서 매개변수 공간 (Parameter Space)을 찾기 위해 적용하는 수학적 방법들로서 알고리 즘별로 갖는 특성과 효율성이 다르다. 다양한 문제들에서 최적의 해 를 찾을 수 있는 알고리즘을 선정하는 것도 중요한 프로세스이다. 또한, 이러한 방법들은 지속적으로 발전하고 있으며 인공신경망 (Artificial Neural Network, ANN)이라는 머신러닝 방법에 의해 한층 더 많은 선택의 다양성을 바탕으로 결과의 정확성을 높이고 있다.

인공지능은 석유를 생산하는 생산정의 운영 조건을 최적화하기 위해서도 적용한다. 실시간으로 측정되는 압력, 온도, 유량이라는 입력(Input Feature) 데이터를 해석하여 이상 증후(Abnormal Condition) 를 분별하고, 즉각적인 신호를 제공(Output)함으로써 석유 생산을 최적화할 수 있게 지원한다. 생산 현장은 많게는 수천 개가 넘는 유 정으로부터 초 단위로 들어오는 데이터들을 해석하고 생산 손실이 발생하지 않도록 컴퓨터 기반의 네트워크시스템에서 자동화가 이 루어지고 있다. 인공지능의 활용 가능 범위는 연구가 거듭될수록 증가하고 있으며 반복되는 업무의 자동화와 빅데이터 처리를 통한 최적화 작업을 꾸준히 수행하고 있다.

_ 석유를 찾는 딥러닝

머신러닝(Machine Learning)의 한 분야인 딥러닝(Deep Learning) 은 사람의 뇌신경구조를 형상화한 알고리즘이다. 2000년대에 들어 머신러닝 분야는 학계와 산업계에서 중점적으로 개발 및 투자를 하 는 분야이다. 초기의 인공신경망으로 풀지 못하던 편미분방정식

(Partial Differential Equation) 등 복잡한 문제들을 여러 개 신경망을 중첩하는 딥러닝으로 해결할 수 있게 되면서 그 활용범위가 확장되고 있다. 주어진 데이터를 입력하여 원하는 결과를 찾기 위한 방법으로 지도학습(Supervised Learning), 비지도학습(Un-supervised Learning)과 강화학습(Reinforcement Learning)으로 알고리즘 방법을 구분한다(물론 복합적인 학습 방법을 사용하는 알고리즘도 있다). 이러한 알고리즘은 데이터에 기반하여 특성(패턴)들을 찾아내고 목적하는 해를 도출하기 위해 초매개변수(Hyperparameter)를 최적화할 수 있도록 모델을 학습시키는 방법이다. 학습된 모델은 유사한 문제에 대한 답을 효율적이고 빠르게 구할 수 있도록 지원하거나 결과를 예측하기 위해 사용한다. 석유산업의 오래된 역사와 함께 누적되는 데이터들은 머신러닝 적용을 용이하게 해준다. 축적된 데이터들을 분석하여 기존 방법들을 자동화하고 정확성을 높여준다. 일례로, 생산하는 석유의 유량은 시험 상분리기(Test Separator)를 통해 직접 측정하지 않아도 계측되는 온도, 압력과 밸브 크기 등의 간접 데이터만으로도 산정할 수 있다. 또는 유전들의 유체 성분 분석 데이터들을 기반으로 실험실에서 분석 실험을 직접 수행하지 않더라도 몇 가지 기본 정보만으로 특성값을 유추해 낼 수 있다.

석유가 지층에서 유동하는 물리적 시스템을 해석하는 이론식들 중에는 실험식과 함께 다양한 경험식이 적용되고 있다. 많은 현장 데이터를 중심으로 유사성에 근거한 경험식들은 가정사항이 다른 경우 오차가 발생하기도 한다. 이러한 경험식들을 빅데이터에 기반을 둔 딥러닝 기술들이 대체하고 있다. 사례를 살펴보면, 석유회사들은 과거의 생산량을 토대로 미래의 생산량을 예측하는 딥러닝 모델들을 제안하고 있다. 정확한 생산량을 예측하는 것은 유전의 미래가치와 수익성을 추측하는 방법으로 중요한 정보이다. 이는 더 많은 석유를 효율적으로 찾는 방법이기 때문이다.

데이터사이언스 분야에서도 딥러닝 알고리즘은 지속 발전하고 있다. 가장 빠르게 변화하는 기술 중 하나이다. 조금 더 자세히 설명하자면, 새로운 알고리즘들이 소개되며 석유를 찾기 위해 풀어야 하는 많은 편미분방정식의 해를 구하고 있다. 땅속에 부존하고 있는 석유시스템을 이해하기 위해 기존에 사용하고 있는 수치해석기법의 어려움을 해결하기 위한 연구도 계속하고 있다. 그리고 탐사, 개발, 생산단계에서 사용되어왔던 시뮬레이션 방법들을 대체하는 방안들이 개발되고 있다. 딥러닝은 연속적인 함수에 대한 보편적인 근사법(Universal Approximator)으로 해를 구하기 때문에 복잡한 문제에 대해 빠르게 수치적 에러를 해결할 수 있는 대안으로 소개된다. 이러한 새로운 방법들은 검증과 함께 기존 방법들의 효율성을 높이기 위해 석유개발 평가 업무들에 새롭게 접목하고 있다.

기름 묻은 손도 디지털 전환(DX)

디지털 기술은 4차 산업의 핵심적인 분야이다. 석유산업에서는 디지털 오일 필드(Digital Oil Field, DOF)라는 이름으로 1900년대 후반에 소개되었다. 초기의 디지털화(Digitization)라고 하면 생산 현장에서 취득되는 데이터들이 컴퓨터에 자동으로 입력되어 관리될 수 있는 시스템이었다. 현장 데이터들의 디지털화가 초기의 석유회사들이 받아들이고 있는 디지털 전환 기술이라면 오늘날의 디지털화는 현장을 넘어 오피스(사무실)와 현장의 물리적 벽을 없애는 데 중점을 둔다. 데이터를 분석하고 평가하는 기술자들이 현장의 생산 설비들을 한눈에 시간 차이 없이 확인할 수 있도록 전환하고 있다. 현장의 데이터 처리 시스템에 기록되는 수치들은 위성이나 인터넷 서비스를 통해 저장 공간에 업로드되며, 네트워크시스템으로 현장 자료를 실시간 볼 수 있도록 구현하고 있다. 프로젝트 전주기에 걸쳐 이루어진 디지털 전환은 데이터의 이관과 변환에 걸리는 시간을 줄여주고 기술자들 간의 협업을 돕는다. 또한 빠른 의사결정에 도달할 수 있도록 업무 흐름을 시스템화 시키고 있다.

산업계별로 채용하는 의미가 다를 수는 있으나, 디지털 전환(Digital Transformation, DX)의 중요한 핵심은 아날로그 방식이 디지털 방식으로 변환되면서 시스템의 자동화와 효율성 개선을 목표로 한다. 그만큼 많은 초기 투자 비용으로 인해 소규모의 오래된 생산 현장에서는 도입이 경제적이지 못하지만, 신규 프로젝트에는 처음부터 디지털시스템을 갖춘 설비들로 계획하고 있다. 실시간 취득되는 데이터를 분석하여 현장의 문제 상황들을 즉시 인지하고 사고 예방 및 생산 손실을 최소화할 수 있게 되었다. 더 나아가, 이러한 디지털화를 위해 투자하는 비용 대비 생산 최적화와 안정적 운영이 가져다주는 경제적 이익이 더 높은 것으로 평가된다. 땅속의 다양한 환경에서 생산하는 유체는 항상 일정하게 생산되지 않고 유량의 변화가 크게 나타날 수 있어서 현장을 모니터링하는 업무는 필수적이다. 이러한 개선점을 해결하기 위한 프로세스는 전체 시스템을 하나로 관리할 수 있는 네트워크시스템이다. 이를 통해 사무실에서도 현장을 직접 관리할 수 있는 단계까지 발전하고 있다. 그리고 이상 징후에 민감한 고사양 설비들이나 시추 작업과 같이 위험 요소가 많은 현장에서 적극적으로 도입하고 있다. 또한 현장에서는 인공지능(AI) 기술들도 적용하고 있다. AI는 취득되는 데이터의 실시간 분석을 통한 사전 예측으로 설계용량을 넘어서는 신호에 대해 알람을 울릴 수 있도록 시스템을 보완해 주고 있다.

디지털 전환은 저유가 상황에서 '조금 더 싸게, 조금 더 많이' 생산하려는 석유회사들의 노력으로 발전하였다. 또한, 작은 사고에도 폭발이나 화재 위험성이 높은 석유나 가스를 다루기 때문에 안전에 대해 산유국별로 세우는 엄격한 산업안전 규정 지킴에도 한몫하고 있다. 석유 생산 현장이라 하면 기름 묻은 상하 일체형 작업복을 입은 현장 근로자들이 몽키스패너를 들고 설비들을 수리하는 모습을 상상하겠지만, 이제는 기름때 하나 묻지 않은 작업복의 기술자가 컴퓨터 모니터를 바라보며 업무를 수행하기도 한다.

_ 언제 어디서나

정보통신기술(ICT)과 중앙 데이터센터에 연결하는 클라우드시스템(Cloud System)은 기존의 업무 프로세스를 변환시키고 있다. 먼저, 스마트워크(Smart Work)처럼 하나의 개인 컴퓨터에서 대용량의 계산을 빠르게 수행할 수 있는 워크스테이션급 컴퓨터 사양과 다양한 프로그램들을 언제 어디서나 사용할 수 있게 하였다. 이러한 디지털 기술들은 자동차 산업과 유사하게 석유를 찾고 생산하는 단계의 업무들이 분업화되어 있는 석유산업의 효율성을 높이고 있다.

탄성파자료(Seismic Data)를 취득하는 업체, 시추기(Rig)를 운영하는 회사, 저류층 자료 취득 장비를 제공하는 업체, 유정 보수장비

(Workover)를 임대하는 업체, 인공채유장비를 보급하는 업체, 생산설비를 설계하는 업체, 데이터를 분석하거나 시뮬레이션을 위한 소프트웨어를 만드는 업체, 기술력을 제공하는 서비스업체 등으로 분업화된 회사들을 보면 유전을 운영하는 회사(Operator)는 단독으로 프로젝트의 처음과 끝을 모두 수행하지 않는다는 것을 알 수 있다. 그럴 수 있는 회사도 없다. 이는 기술 집약적인 산업의 특성상 전문성을 요구하는 다양한 세부 분야들이 필요하기 때문이다. 그리고 여기서 클라우드시스템은 운영사와 서비스업체(Service Companies) 들 간을 연결해 주는 중요한 매개체가 되고 있다. 탐사단계에서부터 시작하여 땅속을 평가하는 데이터가 개발과 생산, 그리고 회수 증진단계에 이르기까지 융합되어 하나의 클라우드시스템 내에서 관리되고 있다.

다만, 석유회사들이 가지고 있는 정보들은 막대한 비용을 투자하고 얻는 데이터라는 점과 데이터의 소유주는 산유국 정부라는 제한들로 인하여 보안에 취약한 클라우드 사용을 망설이고 있는 편이다. 중앙 데이터센터가 어느 국가에 설치되어 있는지도 중요하게 고려되는 사항이다. 일례로, 석유의 탐사·개발·생산 프로젝트에 관한 정보들만을 수집하여 매년 비싼 구독료를 받고 회원사들에게 정보를 판매하는 서비스업체가 있을 정도이다. 석유산업은 기술이 발전하고 효율성이 증대되고 있는 면과 함께 산업구조의 특성상 빠르게 변화하지 못하는 모습도 존재한다.

모든 산업에서 스마트폰(Smart Phone)은 스마트워크의 장벽을 뛰어넘고 있다. 24시간 장소에 구애받지 않고 현장에서 관측되는 이상 징후들이 이메일로 담당자에게 전송되거나, 어플리케이션을 통해 현장시스템을 직접 관찰해 볼 수 있게 도와주고 있다. 즉각적인 조치로 생산량을 최적화하여 생산 손실(Production Loss)을 최소화하는 데 기여하고 있다. 화상회의로 현장과 사무실 간의 물리적 거리를 줄여주고 전문 기술진들의 더 적극적인 개입을 지원해 준다. 이러한 신기술들은 모든 산업계에서 동시다발적으로 받아들이고 현장의 특성에 맞게 응용해 나아가고 있다. 석유산업 또한 보다 저렴한 에너지원을 안정적으로 공급하기 위해 끊임없이 새로워지고 발전하고 있다.

제16장

미래: 석유 에너지의 역할

제16장

미래: 석유 에너지의 역할

오늘날 석탄산업은 사양산업이라는 평가를 받는다. 한때는 전 세계의 주 에너지원으로서 가정, 산업, 수송, 발전소 등에서 큰 비중으로 사용했다. 하지만 석탄이 연소하면서 발생하는 에너지와 함께 많은 환경오염 물질들을 방출하고 새롭게 등장한 석유에너지원의 상대적 높은 효율성과 편리성으로 인해 경쟁력이 사라졌다. 그리고 2000년대에 접어들면서 발전소 분야는 높은 온실가스 배출 문제 해결을 위해 EU 국가들이 앞장서 천연가스를 대체에너지원으로 받아들이고 있다. 한국도 화석연료의 문제 인식을 함께하고 있으며 에너지 정책을 수립하는 데 다변화된 에너지원(신재생에너지 및 원자력)으로 대체를 준비하고 있다.

미래의 주력 에너지원이 되길 원하는 기술들이 앞다투어 경쟁을 벌이고 있다. 태양, 풍력, 수력, 원자력, 바이오 에너지에 이어 수소

에너지와 배터리 기술도 석유를 대체하기 위한 중간자 역할을 하고 있다. 이러한 배경에는 기후변화에 의한 시대의 요구가 크게 작용하고 있지만, 한편으로는 고유가에 의한 낮아지는 석유 경쟁력도 한몫하고 있다. 사우디는 고유가에 의한 단기적인 이익보다는 석유 시대가 오랫동안 연장되면서 얻을 수 있는 국익이 더 높은 것으로 판단한 바 있었다. 많은 석유 매장량을 기반으로 저유가 시대를 지속시키면서 청정에너지로의 자본 투자가 늦춰지기를 바랐던 것이다. 이는 지금의 고유가에 의한 상대적 경쟁력 약화가 초래하는 것을 막았을지 모른다. 또한 탄소 집약도가 낮은 에너지원의 상품성과 효율은 지금보다 더 낮아서 신기술에 대한 일부 투자만 있었을지 모른다. 이는 휘발유 가격이 낮아지면 고용량의 가솔린 엔진 차량 판매가 올라가고, 반대로 유가가 올라갈 때는 경유 차량부터 하이브리드 및 전기차량 판매가 높아지는 현상과 유사하다.

오늘날의 에너지원은 더 이상 경제적 논리에 구속받지 않는다. 시대적 변화를 강력하게 요구받고 있다. 물론, 유가와 글로벌 이슈들이 변화의 속도를 제어할 뿐이고 새로운 주력 에너지원으로의 전환에는 수십 년이라는 시간이 필요할 뿐이다. 국가별로도 석유 에너지원에서 높은 투자비와 낮은 효율성을 가진 청정에너지로의 전환 시기는 차이를 보인다. 이러한 전환 목표 시기 차이는 대체 에너지의 높은 생산단가 때문이다. 유럽의 내연기관 차량의 생산 중단 목표 및 현재의 전기자동차 보급률과 대비하여 개발도상국들은 국가 전략과 목표를 정하기에도 어려움을 겪고 있다. 선진국과 개발도상국 간의 차이는 2050년이 지나고도 좁혀지지 않을 것이다. 그리고 열효율이 좋은 석유를 주요 에너지원으로써 사용하는 개발도상국들의 수요는 지속될 것이다. 오늘날 연탄을 때우며 난방을 하고 있는 가정이 아직도 국내 일부 지역에 남아 있고, 24시간 전기가 공급되지 못하는 나라들이 소개되는 것은 미래의 예측이 크게 빗나가지 않을 것이라는 이야기를 뒷받침한다.

미래에 석유를 대신하게 될 배터리와 수소에너지는 소비자가 사용하게 될 최종 에너지원으로서 자리를 잡으려 한다. 수송 분야를 포함하여 석유는 최소한 소비자가 직접적으로 소비하는 비율이 획기적으로 감소할 것으로 예측된다. 에너지 효율성도 지속적으로 높아져 동일한 전기 또는 운동에너지로 전환하기 위해 소모하는 석유의 사용량도 감소하는 추세이다. 그러나 석유가 채워줘야 하는 에너지 수요 비율은 세계 경제에 영향을 가져올 만큼 일정 비중을 차지할 것이다. 그럼에도 불구하고 다양한 에너지원의 높아진 공급률로 인해 석유를 차지하기 위한 전쟁은 사라지지 않을까 조심스레 털어놓는다. 에너지 안보는 미래의 에너지원에 대한 고민과 함께 현재의 주 에너지 자원에 대한 중요성도 함께 고려되어야 한다. 이 장에서는 석유에 주어질 또 다른 역할과 탄소중립에 대해 들여다본다.

탄소중립, 2050

지구는 더 이상 미룰 수 없는 숙제를 풀고 있다. 화석연료가 만든 숙제를 해결하기 위해 많은 학계, 산업, 국가가 함께 앞장서서 지금까지 누렸던 혜택에 대한 답변을 마련하고 있다. 첫 번째 답변서는 탄소중립(Net Zero) 선언이다. 우리가 누리고 생활하는 세계는 탄화수소 혼합물(석유, 가스)에 의해 움직이는 시스템을 채택하여 사용하

그림 6.1 영국 북해에 새로운 석유를 찾기 위해 대기 중인 시추선

고 있다. 향후 수십 년간에도 지금의 시스템이 한순간에 바뀌지 않을 것이다. 석유산업에서 바라보는 업계의 긍정적인 전망치가 아니라 현재의 에너지시스템이 어떻게 구동하고 있는지가 말해주는 사실이다. 이러한 상황에 필요한 에너지 소요를 충족시키기 위해 석유 생산을 유지하거나 증산해야 하는 것은 세계 경제 상황을 악화시키지 않기 위한 산유국들의 안정적인 공급자로서 책무이기도 하다. 에너지 안보에 대한 불안감은 우크라이나 침공(2022년) 이후 러시아의 가스공급 무기화를 통해서 직접적으로 경험할 수 있었다. 따라서 청정에너지가 충분히 보급되고 산업시스템이 변환되기까지 석유의 역할은 지금과 변함없이 중요하다는 걸 알 수 있다.

석유시대에 살고 있는 우리에게 파리협약(the Paris Agreement,

석유야 놀자

2015년)은 중요한 전환점이었다. 194개국이 '산업화시대 이전 대비 1.5℃ 이하로 기온이 상승하도록 노력'하겠다고 선언한 협약이다. 이후 따라오는 유엔기후변화협약 당사국 총회(Conference of the Parties, COP)에서는 선진국들에 의한 '손실과 피해(Loss and Damage)'에 관한 기금 마련부터 기후변화에 대한 다양한 논의와 함께 탄소중립 달성을 위한 진취적인 협의가 지속되고 있다. 석유산업에서도 이와 발맞추어 온실가스로 분류한 이산화탄소를 포집하여 지하에 저장하는 프로젝트를 수행하고 있다. 원유나 가스가 생산 후 감퇴한 유전(Depleted Field) 속으로 포집된 이산화탄소를 안전하게 저장하여 대기와 분리할 수 있는 기술이다. 이러한 노력은 석유로부터 발생하는 이산화탄소의 대기 중 배출 총량을 감축시킴으로써 실질적인 탄소중립 에너지원을 만드는 프로세스이다. 탄소 포집·활용·저장(CCUS) 프로젝트이며, 석유회사들의 시추, 운영, 저류층 관리 분야의 성숙된 기술력을 활용한다. 이산화탄소의 포집 기술력이 높아지고 땅속 지층에 안전하게 주입해 넣거나, 기체가 아닌 고체 형태(광물화)로 변화해 주는 효율성이 비약적으로 발전한다면 석유에너지 시대가 연장될 수 있을 것으로 본다. 그렇지 못하더라도 CCUS 기술은 온실가스 감축에 크게 기여할 수 있을 것이다.

탄소중립을 달성하기 위한 다양한 노력의 하나로 생산 현장에 도입하는 친환경 에너지원도 있다. 생산유전에는 풍력과 태양에너지를 사용하는 전력공급시스템들을 도입하고 있다. 더불어, 생산시설물에서 석유를 처리하는 과정에 대기 중으로 유출하는 온실가스를 최소화할 수 있도록 시스템을 개선하고 있다. 석유와 함께 생산된 지층수를 배출할 때는 환경규제 이하로 맞추어 오염원이 되지 않도록 노력하고 있다. 친환경적이며 지속 가능한 경영 패러다임이 석유산업에도 들어오고 있다. 이러한 노력이 기후변화에 대한 석유의 안 좋은 이미지를 개선할 수는 없다. 하지만 현재의 에너지시스템을 움직이고 있는 석유회사들이 땅속에서 파낸 지구의 선물을 받는 보상(Prize)에 대한 책임으로 여겨진다.

_ 에너지 시장의 변화

석탄에너지는 1900년대 초반에 에너지 시장 점유율을 90% 이상 차지했으며, 전 세계의 독보적인 에너지원으로서 채택됐다. 10% 미만의 공급률을 차지하던 석유와 가스를 제외하면 당시의 에너지 시장은 단일 공급원에 의존하던 시대였기 때문이다. 1960년대를 변환점으로 석유에너지의 점유율이 약 40%로 증대되고, 반대로 석탄에너지에 대한 의존도가 40%로 낮아지면서 에너지 시장에는 변화를 가져왔다. 본격적으로 석유시대에 접어드는 시점이 되었고, 이때 석유수출국기구(OECD)도 출범(1960년)하였다. 시장에서는 여전히 화석연료(석탄, 석유, 가스)가 차지하는 점유율이 90%를 넘었고 신재생에너지에 대한 기술개발이 초기 단계에 머물고 있었다. 공급되는 에너지원이 화석연료에 국한되어 있다 보니 소비자 선택의 폭 또한 제한적일 수밖에 없었다.

핵에너지가 본격적으로 보급되던 1980년대에 접어들며 수력, 풍력, 태양에너지에 대한 관심과 보급률은 낮지만, 점진적으로 증가하기 시작했다. 천연가스가 20%대의 시장 점유율을 차지하기 시작한 것도 이 시기이다. 저탄소 에너지원에 대한 소개와 기술개발이 시작했지만, 에너지 시장에서 경쟁력은 아직 낮게 평가되던 시기이

석유야 놀자

기도 하다. 2000년대에 접어들며 유럽을 중심으로 탈탄소를 위한 에너지 전환이 시작되었고 신재생에너지 점유율이 상승하기 시작했다. 비화석(Non‒Fossil) 에너지 비중이 20% 이상을 차지하는 2020년대 시장은 100여 년 전 단일 에너지원(석탄) 시대와 비교하여 다양한 공급원을 볼 수 있다. 이는 수요자 선택의 폭이 확대하고 소비자의 힘이 강해진 시기이다. 국가의 정책에 따라 나라별 주요 에너지원을 선택하고 공급할 수 있게 된 것이다. 비록 화석연료가 차지하는 점유율이 80% 이상을 유지하고 있지만, 핵에너지와 신재생에너지(연료전지, 수소, 태양, 바이오, 풍력, 수력, 지열, 폐기물 등)까지 다양한 저탄소 에너지원으로의 변환을 맞이하는 시기가 되었다. 또한 시장은 지난 시기들의 변화보다 더 빠르게 움직이고 있으며, 개별 기술들의 경쟁력도 높아지고 있다. 에너지 공급처들은 높은 에너지 효율을 갖기 위한 투자와 신기술을 적용한 새로운 청정에너지원에 관심을 높이고 있다. 그리고 지금 세계는 석유시대 다음을 잇는 에너지원을 찾기 위한 준비 중이다.

_ 끝나지 않을 석유 자원

미래를 예측하는 일은 조심스럽고 어려운 일이다. 머신러닝 기술이 유행을 타며 파이썬(Python, 딥러닝에 주로 사용하는 프로그래밍 언어)에 대한 관심이 높아졌을 때 많은 사람이 주식과 유가를 전망할 수 있는 모델을 만들어 보고 싶어 했다. 내일의 주식시장에 영향을 줄 수 있는 가용한 인자(Input Feature)들을 과거의 빅데이터로 학습시키고 검증하여 만들어진 딥러닝 모델로 유가증권 시장을 예측하려 했다. 그렇지만 아직도 신뢰성 있는 모델은 만들어지지 못하고 원인을 찾아 헤매고 있다. 에너지원의 수요와 공급 예측에도 통계 분석을 적용하여 전망치를 발표하는 회사들이 있다. 기업들은 청정 에너지 기술의 발전과 함께 다양한 에너지원들이 기여하게 될 미래의 전망치들을 발표하고 있다. 그러나 과거의 기록으로 보았을 때 정확성이 높지는 않다. 이 책의 마지막 장에서 다루는 '미래의 석유 에너지'는 다변화하는 요소들에 의해 변동 가능성이 높은 에너지 수급에 대한 전망치를 내놓지는 않는다. 하지만 현재의 주 에너지 원으로 채택된 석유가 가지고 있는 특성을 이야기하며 대체할 수 있는 기술들이 빠르게 발전할 수 있도록 제언한다.

에너지 전환 효율이 높고 공급이 안정적이며 편리한 운반과 쉬운 저장·관리 특성을 가지고 있는 에너지원이 사회를 움직이는 시스템의 주 에너지가 될 수 있다. 모두가 공평하게 사용해야 하므로 공급가격이 높지 않아야 한다. 그리고 환경 친화적이어야 한다. 이는 석유시대를 넘는 다음 시대의 에너지원이 가져야만 하는 특징이다. 지리학적 특성에 따라 에너지원이 공급할 수 있는 크기가 달라질 수도 있지만 다양한 에너지원에 대한 기술력이 발전한다면 안정적인 공급을 위한 선택권도 커지게 된다. 또한 석유가 가지고 있던 장점보다 더 높은 혜택(Benefit)을 보여야 한다. 현재와 미래의 에너지 원에 대한 투자 측면에서 고찰한다면 에너지시스템은 에너지 트릴레마(Energy Trilemma)라는 특징을 가지고 있다. 이는 에너지 안보(Energy Security), 에너지 형평성(Energy Equity), 환경 지속성(Environmental Sustainability) 사이의 고민을 가리킨다. 세 가지를 모두 선택할 수 없지만 어느 한쪽으로 치우칠 수도 없는 어려운 논제를 균형 있게 조율하며 새로운 에너지 시대로 신속하게 전환해야

석유야 놀자

한다.

석유는 그러한 전환 시기를 잇는 에너지원으로써 현재의 시스템을 구동하여 움직일 수 있도록 지속 사용될 것이다. 나아가 에너지 전환을 위한 기술 도입에 더 멀리 있는 개발도상국에서는 조금 더 오랫동안 주 에너지원으로 사용될 것이다. 중국은 국가의 탄소중립 달성을 2060년, 인도는 2070년을 목표로 한다고 선언(COP26, 2021년)했다. 중국과 인도는 에너지를 소비하는 인구수도 많고, 연도별 석유 소비량과 경제성장률이 높은 국가들이다. 이 두 국가에 남아 있는 시간만 보더라도 아직은 수십 년 이상 걸린다는 점에서 석유 에너지 사용은 단기간 내에 끝나지 않을 것으로 보인다. 에너지원의 불안정한 공급은 전 세계 경제에 미치는 영향이 적지 않음을 알고 있다. 석유 자원이 앞으로 수십 년간 수요를 맞출 수 있도록 매장량을 증대시키고 새로운 탐사활동을 통해 자원을 확보해야 한다. 그리고 우리가 에너지 안보를 지키는 것은 석유산업 특성에 대해 더 잘 알고 효율적으로 사용하는 것이다.

마지막으로 현재의 에너지원이자 미래를 연결하는 에너지원으로써 석유시대는 당분간 지속될 것이다.

부록

에피소드: 현장에서 들려주는 이야기

부록

에피소드: 현장에서 들려주는 이야기

에피소드는 석유 생산 현장을 오가며 기록했던 일기이다.

현장감을 담기 위해 석유산업에서 경험하는 주요 작업을 기록해
두었다. 석유라는 땅속의 선물을 얻기 위해 쏟는 다양한 열정을 담
았다. 그리고 석유를 캐기 위해 여러 분야 전문가들뿐만 아니라 현
장의 노동자들이 함께 만들어 가는 과정을 이야기한다.

하나 - 플랫폼

무인 플랫폼으로 가는 출근길

- 작업내역: 석유를 생산하는 생산관 검사(Tubing inspection)와
  땅속 암석의 천공 작업

그림 7.1 보급선에서 바라본 무인플랫폼

　매일 아침 6시가 되면 석유를 생산하고 있는 해상 현장직 인력들은 FPSO(부유식 생산-저장-하역선박)에서 보급선(Supply Boat)을 타고 무인플랫폼으로 출발하며 하루의 일과를 시작한다. 수십 킬로미터 떨어진 플랫폼까지 한 시간가량의 보급선 운항 후 오전 7시경 도착한 출근길은 긴장되지만, 하루를 시작하는 과정이라 할 수 있다. 크레인에 매달려 있는 인력 수송 장비(Basket)를 타고 보급선에서 무인플랫폼으로 이동하게 된다. 해수면에 있는 보급선에서 수송 장비를 타고 30미터 이상 높이의 플랫폼으로 출근은 작은 전율을 느낄 수 있게 한다.

　일과의 시작은 작업에 투입될 모든 인력과 하루 계획을 공유하고 안전 유의사항을 전파하면서 시작한다. 보급선으로 실어 온 장비들

석유야 놀자

을 플랫폼 위에 계획된 도면에 맞게 순서대로 올리며 가동을 준비하는 작업은 고된 노동력의 시작이자 작업을 준비하는 시작과 같은 단계이다. 작업대상 유정의 생산을 중단하고 생산라인들을 분리하면서 작업에 필요한 절차들을 진행한다.

고압의 생산유정을 다룰 때는 언제나 조심스러움과 함께 사전 장비들의 압력 테스트들을 수행해야 한다. 그리고 생산성 향상을 위한 천공 작업에 사용하는 화약을 넣기 전에 시험 장비를 넣어서 (Dummy Run) 화약 장비가 안전하게 목표지점까지 들어갈 수 있는지를 확인해야 한다. 땅속의 탄화수소 혼합물에는 낮은 온도와 낮은 압력 조건에서 고체화될 수 있는 고분자 화학물질들이 있을 수 있고, 암석이나 작은 미네랄 성분들이 생산정 관내에 침전되어 있을 수 있기 때문이다. 이러한 예측들은 생산하는 유체의 성분과 현재의 생산 조건에 따른 유체의 상변화뿐만 아니라, 저류층 암석에 대해 얼마나 이해하고 있느냐에 따라 동 작업의 필요성이 제기된다.

땅속 깊이 수 킬로미터까지 테스트 장비를 주입하는 과정은 현장에서 몇 시간 동안 움직이지 않고 동 장비를 운영해야 하는 기술자의 인내력과 사전 인지력에 따라 성패에 영향을 미친다. 더 깊은 지점으로 내려갈수록 장비에 연결한 라인들이 버틸 수 있는 안전 범위 내 무게를 주요 지점마다 확인하고 진행해야 하기 때문이다. 무사히 작업이 완료되었다면, 천공(Perforation) 작업을 위한 화약건 (Fire Gun) 장착과 함께 본격적인 작업준비를 수행하게 된다.

천공 대상이 되는 깊이를 정확히 확인하기 위해 물리검층 장비를 이용한 대상층의 위치를 확인하고 화약건을 터트리는 일은 당연한 일이다. 하지만 실무적으로는 땅속 수 킬로미터 아래 온도, 압력,

시추 굴곡 등에서 발생하는 수 센티미터에서 수 미터의 불확실성을 인지하며 수행하는 경우가 간혹 생기게 된다.

땅속 수 킬로미터 아래에서 터지는 화약건은 시추를 통해 설치된 관(Casing)과 석유가 생산될 것이라 믿는 암석을 수 센티미터까지 뚫어주면서 유체가 생산관으로 흐를 수 있는 작은 통로들을 만들어준다. 이렇게 생긴 천공 구간으로부터 석유, 가스 및 물들이 흘러서 지표까지 나오게 된다.

천공이라는 작업이 완료되고 모든 장비들을 다시 보급선으로 실어 내리게 되면 고된 노동의 시간은 마무리가 된다. 현장 노동자들이 떠나면 작업에 대한 결과를 확인하는 후속적이지만 중대한 시간이 다가온다. 그러는 와중에 현장 기술자들은 다시 짐을 싸서 크레인을 타고 하늘을 날아 퇴근한다. 보급선을 타고 바다 위 현장 숙소가 있는 FPSO로 돌아가는 후미에서 축구를 즐기는 베트남 직원들이 나를 보며 소리친다. "코리안 손흥민, 컴온", 그리고 나는 대답한다. "아임 박항서".

둘 - 몸집 키우기

몸집과 체력을 키우는 인수합병(M&A)
 - 작업내역: 자산 취득을 위한 신규사업 평가

회사 간의 자산거래가 활발한 분야 중 하나는 석유산업이다. 석유회사들은 유가가 급변하는 시기가 도래하면 추진하는 사업들의 방향을 재검토하며 기업의 포트폴리오를 새롭게 재편하고 수익을 최대화할 방안을 마련한다. 급변하는 유가에 대비하고자 프로젝트에 투입하는 자금조달 방안과 경제성을 재평가하여 핵심사업과 비핵심사업을 재정비한다. 사업성이 낮거나 유가에 민감한 프로젝트를 운영하는 회사일수록 참여하는 사업에 대한 리스크 감소를 위해 자산의 일부를 매각하기도 하고 회사의 투자기준에 미치지 못하는 프로젝트를 처분하기도 한다. 대규모 투자를 위한 자금 마련의 목적으로 자산을 매각하는 경우도 있다. 회사별로 프로젝트 지분을 매각하는 사정은 다양하지만 궁극적으로 기업이 세우는 평가 기준에 의해 경제성이 낮은 사업들이 거래 대상이 된다. 반대 입장의 석유회사는 사업을 확장하고 전략적 진출 기회를 마련하고자 자산 매입을 하기도 한다. 이러한 프로젝트를 매입하기 위한 자산의 가치를 평가할 때는 여느 때보다 세심한 기술력과 협상력이 필요하다. 이는 높은 가격에 팔고자 하는 매각사와 적정 가격에 취득하려는 매입사 간의 악력 싸움 때문이다.

　프로젝트의 참여 지분 취득이든 회사를 인수하든, 석유회사에 대한 자산가치는 참여하고 있는 프로젝트의 매장량에서 시작한다. 일반적으로 매각사의 매각을 대행하는 주관사는 매각 대상 광구에 대한 정보들을 특정한 장소에서 매입 희망 회사들에게 제공한다. 이를 데이터룸(Data Room)이라 부르며, 매입 희망을 표명한 회사들이 특정 기간(일반적으로 수 주일 정도의 데이터 열람기간 제공)에 매장량과 프로젝트의 상업성을 평가할 수 있는 평가팀을 구성하여 방문한다. 지질과 지구물리, 생산과 저류공학, 개발계획, 광권계약 및 경제성을 평가할 수 있는 기술진들로 이루어진다. 매각사가 판단하기에 정보 제공이 어려운 데이터는 현장에서 출력된 서류들에서만 직접 확인해야 한다. 보통은 대부분 데이터를 상대방에게 전달하지 않으며 현장으로 방문한 기술진들의 '능력'이 닿는 만큼 확인하고 돌아가야 한다. 일부 요청이 받아들여지는 경우를 제외하면 출력물의 복사도 허용하지 않기 때문에 컴퓨터와 메모장에 주요 내용들을 기입해 와야 한다. 이러한 신규사업 참여를 위한 까다로운 평가 과정은 시간과의 싸움이 되는 경우가 많다. 제한된 시간 안에 수십 권의 문서철을 열람하면서 프로젝트의 자산가치를 평가해야 하기 때문이다.

점심 도시락을 먹어가며 데이터룸 안에 갇혀 자료열람을 진행하고 있는 이 시간만큼은 수수께끼를 풀기 위해 숨죽이고 문제를 다시 읽고 있는 아이가 된다. 매일 열람 시간이 종료되면 평가에 참여한 기술진들끼리 서로가 확인한 정보들을 공유하고 남은 기간 안에 평가를 위해 필요한 데이터를 찾아내기 위한 회의를 진행한다. 프로젝트의 가치를 올바르게 평가하기 위해 덤벼드는 매입사와 중요한 힌트를 제외하고 매각사에 유리한 데이터만을 제공해 주는 상황에서의 승자는 정해져 있을 수 있다. 하지만 매각사가 평가하지 못한 프로젝트의 유망성을 발견하고 매입사의 기술력으로 매장량을 증대시킬 수 있다면 모두가 승자가 되는 게임이 된다.

언제나 신규사업 평가를 위해 떠나는 출장은 무거운 마음을 갖게 한다. 해당 프로젝트에 대한 사전 조사도 중요하지만, 데이터룸 현장에서 짧은 기간 안에 확인하고 평가해야 하는 책임감이 전하는 무게감 때문일 것이다. 내가 직접 수많은 데이터를 취득하여 검토하고 평가해도 불확실성을 제거할 수 없는 산업분야에서 상대방이 제시한 문제를 풀어서 답을 맞혀야 한다. 그러기 위해 내가 할 수

석유야 놀자

있는 한 최선을 다하는 일이 정답에 접근하는 길이다.

셋 - 24시 365일

24시간 불이 꺼지지 않는 현장
- 작업내역: 탐사정의 산출시험(DST) 작업

현장은 24시간 운영을 멈추지 않는다. 2교대 또는 3교대 근무하며 석유를 찾는 탐사작업이든 생산하는 현장이든 운영설비를 가동하며 값진 땀방울을 흘리고 있다. 작업은 계획대로 흘러갈 수도 있고, 알지 못하는 자연환경이 만들어 주는 어려움을 해결하느라 지연되는 일도 있다. 그중 탐사 프로젝트에서 석유의 부존 여부를 확인하기 위한 탐사정 굴착(Exploration Drilling)이 막바지에 접어드는 시기가 되면 다음 작업(물리검층, 산출시험)을 준비하는 기술진들은 대기한다. 긴장되는 순간이다.

마침내 석유가 있을 것으로 예상하였던 지층을 통과하면 석유회사의 많은 눈과 귀가 현장을 향하게 된다. 탐사의 성공 여부를 확인하는 마지막 단계라 부를 수 있는 산출시험이 다가오는 것이다. 산출시험은 땅속의 석유를 직접 눈으로 확인하기 위해 지표로 시험 생산하는 단계이므로 생산하는 석유 또는 가스를 처리할 수 있는 시험 설비들이 필요하다. 지층에서부터 나오는 높은 온도와 압력의 탄화수소 혼합물과 지층수를 안전하게 생산하면서 저류층(석유가 매장되어 있는 지층)이 가지고 있는 특성들을 짧은 시간 안에 파악해야 한다. 시추를 위해 임차하고 있는 장비와 지원하는 수십 명의 많은 현장 인력의 높은 비용으로 인해 계획되지 않는 시간 소모를 최소화하기 위해서다. 주간 근무조(Day Shift)와 야간 근무조(Night Shift)가 교대하면서 작업을 진행한다. 작업은 사전에 설계된 프로그램에 따라 진행하지만 처음 시추하는 탐사정의 경우는 다양한 시나리오들을 준비하였더라도 예상치 못하는 상황 앞에 서는 경우가 있다.

생산되어 나오게 될 유체들이 흘러가는 파이프라인들을 연결하고, 누유가 발생하지 않도록 고압 조건에서 사전 시험도 수행한다. 그리고 탐사현장에서 저장할 수 없는 가스는 소각할 준비를 한다. 현장에는 땅속 유체가 생산되면서 시스템에 발생할 수 있는 높은 압력과 설비들의 불안정한 상황(Process Upset)이 발생 시 생산하는 석유 또는 가스를 소각할 수 있도록 상시로 작은 불꽃을 태운다. 현장에서 큰 불꽃을 본다면 생산하는 석유를 태우는 경우이지만, 작은 불꽃은 평시에도 항상 켜져 있어야 한다. 석유화학공업단지에서 시스템 안정화를 위해 태우는 불꽃과는 유사하지만 다른 경우이다. 산출시험을 위한 지상의 설비들이 모두 준비가 되면 생산관과 지층 사이의 통로를 만들어 주는 천공(Perforation) 작업으로 시험을 시작할 마지막 단계를 수행한다.

오랜 탐사기간을 거쳐서 찾아낸 유망구조에 석유가 발견되기를 바라는 열망은 현장에 있는 모든 직원이 한결같다. 열망이 현실이 되기 위해(땅속 석유를 캐내기 위해) 할 수 있는 작업을 고민하고, 문제가 발생 시 사전에 세웠던 시험 프로그램을 수정해 가며 최선의 방법을 찾는 것은 현장의 중요한 역할이다. 그리고 산출시험은 저류층의 능력만을 시험하는 것이 아니라 운영사(Operator)의 능력도 함께 평가하는 순간이 되기도 한다.

그림 7.2 생산 현장에서 작은 파티를 준비하는 모습

한국의 설 연휴에 나와 있는 이곳은 중동의 예멘 사막 한가운데 현장이다. 아무리 많은 물을 마셔도 수분이 땀으로 배출되니 화장실을 가지 않아도 될 만큼 뜨거운 사막이다. 24시간 밝게 불을 밝히고 있는 현장에서 많은 직원의 땀방울들이 열매를 맺기 바라며 잠이 드는 오늘은 꿈조차 꾸어지지 않을 고된 하루였다.

넷 - 땀방울

오랜만에 흘려보는 값진 땀방울
  - 작업내역: 생산량 증대를 위한 암석 산처리(Matrix Acidizing) 작업

원유가 생산되는 해상의 플랫폼들은 항시 관리 및 운영하는 직원이 상주하는 시설물이 있다. 하지만 투자비를 최소화하면서 관리할 수 있는 범위(거리) 내에 무인플랫폼(Un-manned Platform)을 설치해서 운영하는 때도 있다. 비상시를 제외하곤 평상시 현장 직원들이 거주할 수 있는 생활시설을 갖추고 있지 않은 곳이다. 이런 무인플랫폼에서 작업은 때론 힘들고 고되다. 다른 한편으로는 노동자들의 노동력 한계가 어디까지 인가를 시험에 보는 장소인가도 싶다. 무더운 동남아 해상에서 작업복을 입고 야외에서 수일간 작업하는 것은 몸을 지치게 한다. 하지만 그만한 보람을 느낄 때도 있다. 보람이라는 것이 일종의 자기만족일 수도 있지만, 그만한 사용자들의 보상과 감사가 뒷받침되어 준다면 그들에게는 더없는 행복일 것이다.

산처리 작업의 시작은 육상에서 보급선을 통해 실어 오는 화학제품들과 생산정으로 주입을 위한 펌프 등의 장비들을 크레인으로 옮기는 하역작업에서부터다. 바다 위에 설치된 생산 플랫폼에 크레인으로 각각의 설비들이 연결될 수 있도록 배열하여 설치하는 것이 바로 단순노동 이상의 작업이다.

화학제품들을 섞는 탱크들과 펌프 및 생산정으로 연결하는 파이프라인들을 연결한다. 그리고 누수 방지를 위한 압력 테스트를 하는 준비작업이 마무리되면 고약한 냄새가 나는 화학제품들을 섞는 작업이 개시된다. 무더운 여름에 화학품으로부터 안전을 위한 보호장비를 착용하고 힘든 노동을 시작한다. 이러한 준비가 다 된 후에서야 생산 유정의 생산성 향상을 기대하며 화학제품 주입을 착수한다. 주입하는 화학제품들이 땅속 암석들과 반응하여 유체가 더 빠르게 흐를 수 있는 작용을 하도록 기다려 주는 짧은 시간(Soaking

석유야 놀자

Time)만이 유일하게 노동자들이 쉴 수 있는 시간이다.

땅속으로 주입한 산성 약품은 석유가 나오는 생산관과 반응하여 부식 등의 손상을 주기 때문에 생산시설물들을 보호할 수 있는 제품을 함께 주입한다. 그리고 주입한 제품들의 보호 가능 시간이 넘기 전에 회수하는 작업을 한다. 주입한 유체 이상의 양을 지표로 회수하면서 이러한 유체들이 생산되어 지나가는 시설물의 보호를 위해 또 다른 화학 중화 제품들을 회수하는 유체와 섞어서 지표의 생산시설물을 통해 흘려보낸다. 주입한 유체의 회수과정이 끝나면 이제부터 본격적인 성과물을 볼 수 있는 때가 온다.

주입하는 유체와 땅속의 암석 및 석유, 물들과 반응하여 또 다른 침전 또는 방해물질을 만들지 않아야 한다. 그리고 목적한 바와 같이 생산정 주변의 유체들이 더 빠르고 쉽게 나올 수 있는 작용만을 하였는지는 사전에 얼마나 깊이 있게 자료를 들여다보고 사전실험을 철저하게 하였는지에 따라 달려 있다. 석유가스 산업에서 시간은 대부분 계획하고 준비하는 과정에서 많이 소요한다. 실행을 통해 결과를 보는 기간은 상대적으로 길지 않다. 확률론을 선호하는 사람들이 성공에 확률을 논한다는 것은 충분한 지식과 데이터로 본연의 준비를 철저하게 수행한 후에서야 이야기할 수 있는 논의이다. 그렇지 않았다면 확률에 기술자의 능력 수치를 백분위로 등급화하여 고려해야 할 것이다.

작업의 마무리는 깔끔하고 안전한 뒤처리이다. 집으로 돌아간다는 기쁨에 일어날 수 있는 경미한 사고라도 나지 않도록 모든 장비들을 분리하여 보급선에 다시 싣고 떠나야만 모든 작업이 마무리됐다고 볼 수 있다. 이러한 일련의 작업 과정들을 기록하는 것은 공학자(Engineer)와 기술자(Technician)들 간의 괴리를 채우고 현장 작업 상황을 조금이라도 이해할 수 있게 하기 위함이다.

다섯 - 모닝콜

사무소로 걸려 오는 모닝콜
  – 작업내역: 생산 유전 운영사무소의 하루 일과

  석유를 생산하는 운영회사는 매일 아침 걸려 오는 전화를 받는다. 현장으로부터 걸려 오는 모닝콜이다. 운영을 지원하는 사무소 직원들은 하루도 놓치지 않고 회사에 출근하면 전날의 24시간 현장 작업 내역을 보고 받는다. 그리고 향후 계획을 논의한다. 모닝콜(또는 컨퍼런스 콜)은 사무소의 전문 기술자들이 데이터를 평가하고 개선점을 찾아 생산을 최적화하기 위한 하루 일과 중 하나이다. 운영 현장에서 안전 · 보건 · 환경(Safety · Health · Environment) 이슈를 시작으로 생산설비에서부터 석유 생산과 관련된 현장의 이야기를 경청하며 현장과 사무소 간의 컨퍼런스 콜(Conference Call)을 진행한다.

  지금은 사막, 밀림, 바다 한 가운데 현장의 데이터를 사무소에 앉아서 실시간으로 들여다볼 수 있는 시대에 살고 있지만, 눈으로 다 보지 못하는 목소리를 듣는다. 그리고 현장의 생동감 있는 표현을 경청한다. 이메일 속 검정색 숫자들과 문자가 전달하지 못하는 현장의 목소리는 운영회사를 깨우는 소리이다. 안전하게 작업이 마무리되었다는 반가운 소리, 증산 작업을 마치고 생산량이 늘었다는 기쁜 소리, 모두 수고 했다는 따뜻한 소리, 서로의 안부를 묻는 다

석유야 놀자

정한 소리까지 컨퍼런스 콜을 통해 현장과 사무소는 소통한다. 생산 현장은 비록 물리적으로 떨어져 있지만 석유회사가 가지고 있는 연간 작업계획 및 목표 달성이라는 동일한 성과를 내기 위해 서로 협력한다. 모닝콜은 사무소에서 설계하는 작업 절차서와 현장의 애로사항들이 유기적으로 풀어나갈 수 있게 돕는다. 이러한 시간은 일방적인 작업지시서 하달이 아니라 같은 목표에 대한 공감대와 협력관계를 만들어 준다.

오늘도 사무소로 걸려 오는 모닝콜을 받으며 시작하는 일과는 역동감을 느끼게 한다. 풀어야 할 숙제를 전달하는 현장 직원들의 목소리에 수수께끼를 풀어낸 학생처럼 신난 목소리로 답변하는 운영사무소 모닝콜은 모두에게 활기를 돋운다. 때로는 서로 간에 의견 충돌이 발생할 때도 있다. 하지만 궁극적인 목표 달성을 위해 협의해 가는 과정이기도 하다. 이렇게 365번째 모닝콜이 끝나야 한 해를 마무리할 수 있다. 그러는 동안 모든 작업이 안전하게 수행될 수 있도록 컨퍼런스 콜 앞에 앉아 매일 아침 데이터를 분석하고 현장 직원을 지원하는 것이 나의 과업 중 하나이다.

나가며

에너지 대변환 시대를 겪으며 석유라는 주제는 '죽은 자식 불알 만지기'라고 비춰질 수 있다. 그러나 오늘날 기후변화의 주된 요인으로 구박받고 있는 화석연료는 지난 수백 년간 인류의 발전에 공헌해 왔다. 수송, 전기, 화학 공업 등 모든 분야 과학기술에 다양한 영향력을 미쳤다. 급속도로 빨라지는 변화와 흐름 또한 석유가 주는 선물에서 얻은 이점이다. 그 혜택은 지금의 우리가 받고 있다. 그리고 세계 경제의 중요한 부분을 차지하고 있는 에너지 시장에서 석유는 아직도 높은 점유율을 갖는다.

본문에서 살펴봤듯, 석유만큼 낮은 비용으로 같은 에너지를 안정적으로 제공하는 공급원에 대한 뒤늦은 투자와 개발로 인해 에너지 전환이 늦어졌다. 또한 개발되고 있는 에너지원은 친환경적이지만 화석연료에 대한 의존도를 완전히 제거할 수 없고, 석유는 오랜 역사 동안 우리 삶에 너무 깊숙이 들어와 있다. 대체하고 싶지만, 현재의 과학 기술력으로 몇 세대를 거쳐도 대체 불가능할 것으로 보이는 산업분야가 남아 있을지 모른다. 그럼에도 환경을 보존하고 우리에게 주어진 한정된 자원을 효율적으로 사용하는 일은 더 이상 논쟁할 필요 없이 모두가 공감하는 당연하고 시급한 문제이다.

석유는 지금까지 가정에서부터 산업 전반까지 활용하는 중심 에너지원으로써 그 역할을 수행하였지만, 앞으로 백여 년 동안 다음 대체 에너지원으로 그 자리를 양보하는 과도기를 지날 것이다. 나와 내 주변 사람들이 모두 수소·전기차를 타고, 집마다 태양전지판

석유야 놀자

이 달리고, 산과 바다에는 풍력발전기가 설치되는 날이 도래하면 석유가 에너지 시장에서 차지하는 1위 점유율을 물려줄 시간이다. 우리는 지난날의 화석연료가 차지했던 최고의 에너지원이 갖는 영광을 물려줄 시점이 다가오는 걸 알지만, 문제는 수십 년이 남았다는 것이다.

현재 세계를 움직이는 에너지원인 석유는 지난 시간 동안 여러 학문의 집약적인 기술 발전을 통해 안정적인 산업으로 자리 잡았다. 지속적으로 신기술이 접목되는 여러 분야가 함께 공존하고 있으면서 석유 탐사에서 생산에 이르기까지 석유산업의 효율성을 높이기 위해 노력하고 있다. 이산화탄소 지중 저장, 온실가스 배출 제로시스템 구축, 신재생에너지 기반 현장 생산시설 도입 등 친환경 프로젝트에 적극적이다. 새롭게 국면하는 시대에 발 빠르게 대응하여 석유가 주는 높은 효율성·생산성·활용성·안정성·보급성을 갖는 에너지원으로써의 장점만을 전달하려 한다.

아직도 과학기술의 폭넓은 발전 가능성을 수용하며 변화하는 석유산업에서 우리가 도전해야 할 분야는 다양하다. 석유를 찾는 탐사 현장에서, 땅속 석유를 생산하는 현장에서, 그리고 미래의 생산성과 회수율을 높이기 위한 연구개발 현장에도 있다. 앞으로 백 년을 더 이끌고 갈 에너지원으로써 책임을 무겁게 받고, 석유를 잘 이해하고 공부하는 것은 불가결한 요소이다. 책을 맺으며 독자에게 전달하려는 마지막 메시지로 석유 에너지원을 바라보는 시각이 긍정적으로 바뀌고, 미래세대가 원하는 방향으로 나아가길 응원해 주는 마음이길 바란다.

이 책을 통해 경험하지 못한 일들을 간접적으로 배우고 이해했다면, 그걸 경험해 본 저자와 다를 바 없는 능력과 실력을 겸비한 것이 아닌가 하는 조심스러운 생각으로 마무리했다. 부족하지만 누구나 쉽게 읽을 수 있도록 설명하기 위해 노력하였다. 배움을 나눠줄 기회가 있어서 행복할 뿐이고, 단 한 명의 독자라도 이 책을 읽어 경험을 배울 수 있기를 바란다.

마지막으로 이 책을 출간하기 위해 애써주신 박영사 박부하 대리님, 탁종민 대리님 외 관계자분들께 감사를 전한다. 그리고 내 옆에서 한결같이 응원해 준 아내 함아름, 아들 이주열, 이은열의 지지에 감사한다.

용어사전

공극률	전체 암석의 부피 중 공극(빈공간)이 차지하는 비율이다. 암석을 이루는 광물의 종류, 크기, 분포, 숙성작용 등에 영향을 받으며, 일반적으로 10%에서 40% 범위를 보인다.
배럴	석유산업에서 부피를 나타내는 단위이다. 표기는 BBL (Blue Barrel)로 하며, 파란색 나무 드럼통에 석유를 담아 운반하던 역사에서 유래됐다. 1배럴은 약 159 리터이다.
비투멘	상온에서 유동하지 못할 만큼 점성도가 매우 높은 고분자 탄화수소 혼합물이다. 휘발성 탄화수소 성분이 대부분 제거된 석유이며, 캐나다 내 미고결 지층인 오일샌드에 광범위하게 분포하고 있다. 비전통 석유로 분류된다.
물리검층	지층에서 자연적으로 발생하는 물리적 현상 또는 인공적인 에너지에 대한 반응을 측정하고 해석하는 작업이다. 유정 내 검층장비를 넣어 지층 물성을 확인한다.
산처리 작업	산성 화학제를 지층에 주입하여 산성 반응을 통해 저류층 내 암석을 이루는 광물 또는 생산에 따라 집적되는 퇴적물질을 용해 및 제거하는 작업이다. 탄산염암의 생산성 증대를 위해서도 주로 사용된다.
손실과 피해	기후변화로 인해 야기되는 피해에 대한 재정지원을 위한 기금이다. COP27 회의(2022년 11월)에서 기금 모금 제안이 처음 타결됐다.
생산관	저류층에서 생산하는 유체가 지표까지 유동할 때 흐르는 관이다. 유체로부터 케이싱 손상을 막기 위해 설치한다.
셰일가스	치밀한 셰일층에 포집된 가스이며, 수압파쇄와 같은 작업을 통해 생산할 수 있다. 비전통석유로 분류된다.
셰일오일	유기물질을 함유한 셰일층이 성숙되어 생성한 석유이다. 비전통 석유로 분류된다.

시행착오기법	문제 해결 기법의 하나로, 시험과 실패를 반복 진행하며 수행하는 학습을 통해 최적화된 방안을 효율적으로 찾는 기법이다.
유망구조	지질 및 지구물리 자료 평가를 통해 석유가 부존할 것으로 예상되는 지질학적 지역이다.
유정통제	시추나 유정 관련 작업에서 지층 내 유체가 나오지 못하도록 제어하는 작업이다.
유종	국제 석유시장에서 유가를 선도하는 가격지표이다. 안정적으로 특정한 품질의 석유를 지속해서 일정 규모 이상 생산하는 유전 또는 지역을 대표하여 정한다. 100여 종이 넘는 유종이 시장에서 거래되고 있으며, 3대 대표 유종인 WTI유, Dubai유, Brent유가 있다.
유체 유동식	다공질 매체인 땅속 저류층에서 유동하는 유체를 묘사하기 위한 실험식이다. Darcy 방정식과 질량보존법칙에서 유도하였다.
유한차분법	미분방정식으로 지배되는 구간(공간)을 차분하여 해를 구하는 방법이다.
점성도	유체의 형태가 변할 때 저항하려는 성질을 나타내는 정도이다. 점성도가 높을수록 유체 유동이 어렵다.
초저지연성	시간지연 현상이 거의 없는 상태를 말하며, 통신에서 5G는 0.001초 시간지연을 보인다. 이는 자율주행차의 안전성을 높이는 핵심요소 중 하나이다.
탄성파 자료	파장을 만들어 주는 음원으로부터 발생하는 신호가 땅속 물리적 특성에 따라 변하는 (지층)면에서 반사되어 나와 수신기를 통하여 취득하는 자료이다.
탄소중립	배출된 탄소량만큼 이산화탄소의 포집 및 제거를 통해 흡수하여 순배출량이 '0'이 되는 개념이다. 순배출량이 '0(Zero)'이 되어 넷제로(Net Zero)라 불린다.

석유야 놀자

탄소 집약도	에너지를 소비하고 배출된 탄소량을 총 에너지소비량으로 나눈 값을 가리킨다. 탄소 집약도가 낮다는 것은 탄소 함유량이 낮은 에너지원이다.
투과율	다공성 암석 내 연결된 공극의 경로를 통해 유체가 이동할 수 있는 용이도이다. 이론을 세운 학자의 이름을 따서 단위는 Darcy로 표시한다.
컨덴세이트	땅속 저류층의 온도·압력 조건에서는 가스 상태로 존재하나 지표로 생산되면서 변하는 환경에 의해 액화되어 생성되는 초경질유이다.
케이싱	시추공 내에 삽입하여 공벽과 내부를 분리해 주는 강관이다. 케이싱은 지층이 무너져 내리지 않게 지탱해 주고, 시추에 의한 지층의 오염요인 제거, 연약지층 보호, 압력 차이에 의한 지층 피해 방지 등의 역할을 한다.
케로젠	근원암 내 유기물질에서 생성되는 탄화수소 물질이며, 열적 성숙작용을 받으면 석유나 가스가 된다.
모세관압	모세관 내에 벽을 따라 이동하는 유체와 혼합되지 않는 저항 유체가 평형상태를 이루었을 때 발생하는 압력 차이다.
CCUS	대기 중이나 산업공정에서 발생하는 이산화탄소를 포집해 저장하거나 활용하는 기술을 일컫는다.

색 인

색 인

석유야 놀자

참고문헌

서장: 석유 경제의 주도권과 석유 자원

1) Daniel Yergin, 1991, The Prize, Simon & Schuster: 석유의 역사 참고

제1장. 탐사: 석유는 어떻게 발견될까?

1) Society of Petroleum Engineers, 2018, Petroleum Resources Management System(revised June 2018): 매장량 분류체계 인용

2) U.S. Energy Information Administration(EIA) website: 석유 용어 관련 정의 인용

3) 동아일보, 2023.3.4., "美석유 4.5배" 7광구, 2년뒤 日독식 우려... "정상회담서 다뤄야": 보도기사 발췌

4) 조선일보, 2023.2.12., 9000조 '7광구 油田' 독식 노리는 일본... 우리에겐 시간이 없다: 보도기사 발췌

5) KBS, 2022.4.28., 대륙붕 7광구와 2광구 ⋯ 조용한 외교는 없다!: 보도기사 발췌

6) 뉴시스, 2021.12.22., 엑손모빌－카타르 콘소시엄, 키프로스서 천연가스 시추작업: 보도기사 발췌

제2장. 개발: 땅속 석유를 캐보자

1) LUKOIL press release, 2023.3.6., Lukoil receives approval of declaration of commerciality for Eridu field reserves in Iraq: 유전 개발계획 승인 사례 인용

2) REUTERS, 2022.6.2., Britain approves plans for new Shell North Sea gas field: 영국 정부 승인 사례 인용

제4장. 회수: 생산성 향상을 위한 노력

1) Muggeridge, A., Cockin, A., Webb, K., Frampton, H., Collins, I., Moulds, T., and Salino, P., 2014, Recovery rates, enhanced oil recovery and technological limits, Phil. Trans. R. Soc. A: 회수증진법 사례 및 회수율 인용

2) Thomas, S., 2008, Enhanced Oil Recovery – An Overview, IFL, Vol. 63, No. 1, pp. 9－19: 회수증진법 사례 및 회수율 인용

3) Review of Enhanced Oil Recovery(EOR) and Improved Oil(IOR) Technologies(Output 2 Report), 2017, Amec Foster Wheeler Environment & Infrastructure UK Limited: 회수증진법 사례 인용

제5장. 발전: 석유개발에 신기술을 입히다.

1) Sanghyun, L., and Stephen, K., D., 2018, Optimizing Automatic History Matching for Field Application Using Genetic Algorithm and Particle Swarm Optimization, OTC－28401－MS, presented at the OTC Asia: 자동화 기법 사례 인용

제6장. 미래: 석유 에너지의 역할

1) BP, 2022, Energy Outlook 2022 edition: 1900－2050년 에
   너지 동향 참고

2) BP, 2022, Statistical Review of World Energy: 2020－2050
   년 에너지 동향 참고

3) International Energy Agency, 2022, World Energy Outlook
   2022: 2021－2050년 에너지 동향 참고

4) United Nations Framework Convention on Climate Change
   (UNFCCC) website: 당사국 총회 주제, 의결사항 인용

[저자소개]

이상현

한국석유공사 글로벌기술센터에서 일하는 16년차 석유공학자다. 세종대학교 지구정보과학과에서 공부한 후 영국 헤리엇 – 와트대학교에서 석유공학 석사 학위를 받았다. 남미, 중동, 동남아시아 석유개발 프로젝트를 담당하며 전문성을 키웠다. 베트남에서 주재 근무하며 생산현장 경험을 쌓았고 국제석유공학학회(SPE)에서 「히스토리 매칭 자동화」 관련 논문을 발표했다. 여전히 우리 시대의 주 에너지원인 석유라는 주제를 쉽게 풀어 이야기하기 위해 공부하며 글을 쓰고 있다.

석유야 놀자: 탐사에서 생산까지 궁금했던 이야기

초판발행	2023년 9월 8일
지은이	이상현
펴낸이	안종만·안상준
편 집	탁종민
기획/마케팅	박부하
표지디자인	이은지
제 작	고철민·조영환
펴낸곳	(주) **박영사**
	서울특별시 금천구 가산디지털2로 53, 210호(가산동, 한라시그마밸리)
	등록 1959. 3. 11. 제300-1959-1호(倫)
전 화	02)733-6771
f a x	02)736-4818
e-mail	pys@pybook.co.kr
homepage	www.pybook.co.kr
I S B N	979-11-303-1823-3　03400

정 가　17,000원